CAMPONESES E A ARTE DA AGRICULTURA

UM MANIFESTO CHAYANOVIANO

JAN DOUWE VAN DER PLOEG

CAMPONESES E A ARTE DA AGRICULTURA
UM MANIFESTO CHAYANOVIANO

Tradução
Claudia Freire

Revisão Técnica
Bernardo Mançano Fernandes
Sergio Schneider

Organização das Nações Unidas para a Educação, a Ciência e a Cultura

Cátedra UNESCO de Educação do Campo e Desenvolvimento Territorial · Universidade Estadual Paulista · Júlio de Mesquita Filho

Título original: *Peasants and the Art of Farming: A Chayanovian Manifesto*

Livro pertencente à série "Agrarian Change and Peasant Studies"
(Estudos Camponeses e Mudança Agrária)

Fundação Editora da Unesp (FEU)
Praça da Sé, 108
01001-900 – São Paulo – SP
Tel.: (0xx11) 3242-7171
Fax: (0xx11) 3242-7172
www.editoraunesp.com.br
www.livrariaunesp.com.br
feu@editora.unesp.br

Editora da UFRGS
Rua Ramiro Barcelos, 2500
90035-003 – Porto Alegre – RS
Tel./Fax: (0xx51) 3308-5645
http://www.ufrgs.br/
admeditora@ufrgs.br

CIP – Brasil. Catalogação na publicação
Sindicato Nacional dos Editores de Livros, RJ

P784c

Ploeg, Jan Douwe van der.
 Camponeses e a arte da agricultura: um manifesto Chayanoviano / Jan
Douwe van der Ploeg; tradução Claudia Freire. – 1. ed. – São Paulo; Porto
Alegre: Editora Unesp; Editora UFRGS, 2016.

 Tradução de: Peasants and the Art of Farming: A Chayanovian Manifesto
 ISBN Editora Unesp 978-85-393-0593-3
 ISBN Editora UFRGS 978-85-386-0287-3

 1. Sociologia rural. 2. Geografia agrária. 3. Questão agrária. 4. Classes
sociais. 5. Produtividade agrícola. 6. Campesinato. I. Título.

15-22815
CDD: 307.72
CDU: 316.334.55

Editora afiliada:

Asociación de Editoriales Universitarias
de América Latina y el Caribe

Associação Brasileira de
Editoras Universitárias

Série Estudos Camponeses e Mudança Agrária da Icas

A série Estudos Camponeses e Mudança Agrária da Initiatives in Critical Agrarian Studies (Icas – Iniciativas em Estudos Críticos Agrários) contém "pequenos livros de ponta sobre grandes questões" em que cada um aborda um problema específico de desenvolvimento com base em perguntas importantes. Entre elas, temos: Quais as questões e debates atuais sobre as mudanças agrárias? Como as posições surgiram e evoluíram com o tempo? Quais as possíveis trajetórias futuras? Qual o material de referência básico? Por que e como é importante que profissionais de ONGs, ativistas de movimentos sociais, agências oficiais e não governamentais de auxílio ao desenvolvimento, estudantes, acadêmicos, pesquisadores e especialistas políticos abordem de forma crítica as questões básicas desenvolvidas? Cada livro combina a discussão teórica e voltada para políticas com exemplos empíricos de vários ambientes locais e nacionais.

Na iniciativa desta série de livros, "mudança agrária", um tema abrangente, une ativistas do desenvolvimento e estudiosos de várias disciplinas e de todas as partes do mundo. Fala-se aqui em "mudança agrária" no sentido mais amplo para se referir a um mundo agrário-rural-agrícola que não é separado e deve ser considerado no contexto de outros setores e geografias: industriais e urbanos, entre outros. O foco é contribuir para o entendimento da dinâmica da "mudança", ou seja, ter um papel não só nas várias maneiras de (re) interpretar o mundo agrário como também na mudança, com clara tendência favorável às classes trabalhadoras, aos pobres. O mundo agrário foi profundamente transformado pelo processo contemporâneo de globalização neoliberal e exige novas maneiras de entender as condições estruturais e institucionais, além de novas visões de como mudá-las.

A Icas é uma *comunidade* mundial de ativistas do desenvolvimento e estudiosos de linhas de pensamento semelhantes que trabalham com questões agrárias. É um *terreno coletivo*, um espaço comunal para estudiosos críticos, praticantes do desenvolvimento e ativistas de movimentos. É uma iniciativa pluralista que permite trocas vibrantes de opiniões entre diferentes pontos de vista ideológicos progressistas. A Icas atende à necessidade de uma iniciativa baseada e concentrada em *vinculações* – entre acadêmicos, praticantes de políticas de desenvolvimento e ativistas de movimentos sociais, entre o Norte e o Sul do mundo e entre o Sul e o Sul; entre setores rurais-agrícolas e urbanos-industriais; entre especialistas e não especialistas. A Icas defende uma produção conjunta que *se reforce mutuamente* e um compartilhamento de conhecimentos que seja *mutuamente benéfico*. Promove o *pensamento crítico*, ou seja, os pressupostos convencionais são questionados, as propostas populares são examinadas criticamente e novas maneiras de questionamento são buscadas, compostas e propostas. Promove *pesquisas e estudos engajados*; assim se enfatizam pesquisas e estudos que, ao mesmo tempo, sejam interessantes em termos acadêmicos e relevantes em termos sociais; além disso, compreende ficar ao lado dos pobres.

A série de livros é sustentada financeiramente pela ICCO (Organização de Igrejas para a Cooperação no Desenvolvimento), nos Países Baixos. Os editores da série são Saturnino M. Borras Jr., Max Spoor e Henry Veltmeyer. Os títulos estão disponíveis em vários idiomas.

Aos meus avós Jan Douwe e Fokke, por me ensinarem como pesquisar as coisas profundamente.

SUMÁRIO

Prefácio à edição brasileira   XIII
Sergio Schneider

Prefácio   XXIII
Saturnino M. Borras Jr., Max Spoor e Henry Veltmeyer

Agradecimentos   1

1 – Os camponeses e as
   transformações sociais   3
   Uma questão controversa   3
   A relevância política da teoria camponesa   15
   Agricultura camponesa e capitalismo   20
   O que faz de Chayanov um "gênio"?   23
   Uma prova de linhagem   27

2 – Os dois principais equilíbrios
   identificados por Chayanov   29
   A unidade de produção camponesa: sem
   salário, sem capital   30
   O equilíbrio trabalho-consumo   41

A relevância política do equilíbrio
trabalho-consumo   43
A relevância científica do equilíbrio
trabalho-consumo   45
O equilíbrio entre utilidade e
penosidade   47
Sobre a "avaliação subjetiva"   52
Autoexploração   55

3 – Uma gama mais ampla de
equilíbrios interativos   59
O equilíbrio entre pessoas e natureza   59
O equilíbrio entre produção e reprodução   67
O equilíbrio entre recursos internos e
externos   70
O equilíbrio entre autonomia e dependência   75
O equilíbrio entre escala e intensidade (e o
surgimento de estilos de agricultura)   77
Lutando pelo progresso em um ambiente
adverso   81
A título de síntese: a unidade
camponesa   84
Nota final sobre a diferenciação   90

4 – A posição da agricultura camponesa em
um contexto mais abrangente   95
Relações cidade-campo enquanto mediadas
por relações de troca   96
Relações cidade-campo enquanto mediadas
pela migração   99
Agricultura *versus* processamento e
comercialização de alimentos   100
Relações Estado-campesinato   103
O equilíbrio entre crescimento agrário e
crescimento demográfico   106

5 – Rendimentos   109
    Mecanismos atuais de intensificação
    estimulada pelo trabalho   116
    O significado e o alcance da intensificação
    estimulada pelo trabalho   128
    Quando a intensificação estimulada pelo
    trabalho é bloqueada   131
    O que impulsiona a intensificação
    estimulada pelo trabalho?   133
    A intensificação e o papel das ciências
    agrárias   134
    Os camponeses conseguem alimentar o
    mundo?   145

6 – Recampesinação   151
    Processos e expressões da
    recampesinação   154
    Recampesinação no oeste da Europa:
    redefinindo os equilíbrios   155

Glossário   161
Referências bibliográficas   167
Índice remissivo   181

PREFÁCIO À EDIÇÃO BRASILEIRA

Sergio Schneider

É provável que não haja grupo social mais incompreendido pelos cientistas sociais do que os camponeses. Mas também é verdade que "rios de tinta" já foram escritos sobre eles. Mesmo assim, as controvérsias e discussões sobre seu futuro e lugar na sociedade continuam. Romantizados por uns, rejeitados por outros, simplesmente desprezados e desqualificados por terceiros. Ora são vistos como atrasados, pobres e sem chances de sobreviver. Ora são idealizados e apontados como a solução para alimentar o mundo.

Há sobejas razões para se manter o interesse pelos camponeses, tanto empíricas como políticas. Do ponto de vista empírico, vale lembrar que a maior parte dos habitantes do mundo rural ainda é formada por camponeses e pequenos produtores. Segundo estudo da FAO (2014), dos 570 milhões de estabelecimentos agropecuários que existem no mundo, 500 milhões (90%) são dirigidos ou dependem da mão de obra de uma família. Ainda que, destes, 475 milhões detenham menos de 2 hectares de terra, essas unidades produzem em torno de 80% dos alimentos consumidos no mundo. Em termos políticos, a presença quantitativa dos camponeses reflete-se em votos e decide eleições em muitos países e regiões, assim como influencia estratégias de desenvolvimento, sejam elas relacionadas ao aumento da produção agrícola ou à superação da pobreza. Mas o interesse político pelos camponeses também se mantém na medida em que questões como a problemática das minorias étnicas (na América Latina, os indígenas da vasta região andina e do México e muitos grupos étnicos espalhados pela África e Ásia), das mulheres rurais e os desafios ambientais impostos pelo aquecimento global tornam-se cada vez mais importantes.

Arrisco dizer que não há saídas possíveis para alguns dos grandes problemas que o planeta enfrenta atualmente que não passem pelos camponeses ou pequenos produtores rurais. Primeiro, porque não é possível deslocar os 50% restantes da população mundial (que é de cerca de 7,5 bilhões de almas) que ainda vivem no meio rural para as cidades. Promover a migração campo-cidade, como se fez durante a industrialização nos séculos XIX e XX, não é mais viável. Segundo, não há solução para a crescente escassez e destruição de recursos naturais (água doce, solo e oxigênio) sem que se resolvam os problemas da pobreza rural e da dilapidação desses recursos. O espaço rural, majoritariamente ocupado por camponeses no mundo todo, é essencial para produção e preservação dos recursos naturais. Terceiro, imaginemos uma sociedade sem camponeses. A vida se tornaria chata e enfadonha sem a diversidade de comida, o aroma dos temperos, a alegria das festas, a beleza das roupas, o sabor das bebidas e toda a riqueza da herança cultural que foi gerada e transmitida por gerações de famílias de camponeses. A moderna indústria do turismo e os *"negócios do ócio"* no rural não sobreviveriam. Viver em um mundo urbano, secular e desencantado, rodeado de campos repletos de máquinas e monocultivos a perder de vista, sem a presença dos idílicos e utópicos camponeses, certamente tornaria a aventura humana uma tragédia depressiva e insuportável. Portanto, as cidades e os habitantes do meio urbano também precisam dos camponeses.

Mas, para além das razões práticas e políticas, há interesses de ordem teórica para continuar investindo esforços no estudo dos camponeses, seu modo de ser e seu futuro. Mesmo porque não há como desvincular a prática e a política da boa teoria.

O livro *Camponeses e a arte da agricultura*, de Jan Douwe van der Ploeg, nos oferece "um manifesto chayanoviano" que detalha as razões teóricas para que os cientistas (sociais, agrícolas etc.) e outros profissionais continuem a pesquisar os camponeses no século XXI. São cinco, basicamente: primeiro, por razões epistemológicas, pois ainda não há uma teoria crítica viável sobre o campesinato. Segundo, porque o mundo assiste a um processo massivo de recampesinização. Terceiro, porque está em curso a emergência de importantes movimentos sociais camponeses, cujo potencial e cujas perspectivas ainda não são conhecidos. Quarto, porque a agricultura camponesa vem oferecendo respostas interessantes aos problemas globais da escassez (alimentos e água) e das ameaças ao planeta (mudança climática). E quinto, porque as teorias críticas vêm mudando de rumo nos últimos anos diante das novas transformações sociais que estamos enfrentando.

A obra do *agrônomo social*, como gostava de se definir Alexander V. Chayanov, é extensa e ainda mal conhecida de boa parte dos leitores ocidentais. Seus principais livros foram escritos entre 1905 e 1924, quando travava com Lenin um intenso debate sobre o destino dos camponeses russos pós-revolução. As posições de Chayanov refletiam também as visões da escola russa de pensamento agrário, mas Chayanov era seu maior expoente. Lamentavelmente, logo após a morte de Lenin, suas ideias o levaram à prisão e ao exílio, seguido de seu fuzilamento, em 1937, ordenado por Stalin, quando tinha apenas 49 anos de idade. A repercussão de sua obra somente alcançou grande impacto e se tornou verdadeiramente conhecida a partir de 1966, quando dois sociólogos refugiados na França (Basile Kerblay e Daniel Thorner) e um professor britânico (R.E.F. Smith) publicaram em inglês o livro *A teoria da economia camponesa*, que havia sido publicado em Moscou em 1925. Na América Latina, esse livro ganhou particular repercussão a partir de 1974, quando a Editora Nueva Visión, de Buenos Aires, publicou uma tradução do inglês intitulada *La organización de la unidade económica campesina*, com uma magistral apresentação de Eduardo Archetti.

No Brasil, a obra de Chayanov é ainda menos conhecida. É bem verdade que muitos leem Chayanov de ouvido, outros de segunda mão. Até o momento, existem apenas dois textos de Chayanov acessíveis em

XVI   JAN DOUWE VAN DER PLOEG

português aos leitores. Um deles foi traduzido e publicado no livro *A questão agrária*, organizado pelo professor José Graziano da Silva e Verena Stolcke, em 1981, que está esgotado e os mais jovens nem o conhecem. O outro artigo publicado é a pequena e famosa novela escrita por Chayanov sob o título de *Viagem do meu irmão Alexei ao país da utopia camponesa*, em edição publicada pela ASP-TA em 1991.

O livro *Camponeses e a arte da agricultura*, de Jan Douwe van der Ploeg, vai ajudar a saldar uma dívida dos acadêmicos com os leitores em geral, pois se trata de uma excelente exposição dos principais conceitos e noções teóricas e políticas de Chayanov. Apesar de o subtítulo ser "um manifesto chayanoviano" e de o autor afirmar que Chayanov é um gênio, o livro não é biográfico. Segundo Ploeg, o que ele buscou foi estender e ampliar a abordagem de Chayanov,

> ir além das limitações de tempo e espaço inerentes à obra de Chayanov (das quais ele tinha plena consciência) e identificar os equilíbrios que funcionam como princípios centrais de organização da agricultura camponesa de hoje. Também tentarei indicar como a agricultura camponesa pode contribuir para responder a alguns dos grandes desafios enfrentados pela humanidade.

Além de ser um *manifesto chayanoviano*, o livro de Jan Douwe nos oferece acima de tudo uma chave para entender o que ele define como a "arte da agricultura", que é *uma construção deliberada e estrategicamente enraizada de uma unidade produtiva (*farm*) e os vários elementos que a constituem, sem a separar de seu ambiente político e econômico.*

Jan Douwe van der Ploeg é um sociólogo rural de cepa rara, da geração antiga, um dos raros remanescentes da boa e velha sociologia rural e agrária crítica. Já publicou outro livro no Brasil, intitulado *Camponeses e impérios alimentares* (Editora da UFRGS, 2008).

Neste novo livro, seu objetivo não é retomar polêmicas do passado entre os bolcheviques e os populistas russos, entre os que acreditavam que o socialismo era possível com a manutenção dos pequenos proprietários e os que pretendiam removê-los da história porque representavam estorvo e atraso. O objetivo deste pequeno/

grande livro, que integra a Série Internacional Estudos Camponeses e Mudança Agrária é

> ir além dos limites temporais e espaciais inerentes à obra de Chayanov (dos quais ele próprio era consciente) e identificar os principais equi-líbrios que organizam os princípios que organizam a agricultura camponesa nos dias atuais.

Uma das grandes questões que Ploeg detalha e explica é por que, afinal, a agricultura familiar camponesa tem sobrevivido e se reproduzido ao longo de anos, séculos e gerações – e não há nada no horizonte que mostre que vá desaparecer. A resposta de Ploeg se apoia em Chayanov e expressa bem a complementaridade entre os autores, mais de cem anos depois: *"a agricultura camponesa pode ir aonde o capital não pode"* basicamente porque

> a mecânica interna de funcionamento das unidades camponesas é diferente das unidades capitalistas. A agricultura camponesa se baseia sobre trabalho não assalariado. O trabalho não é mobilizado através do mercado. É trabalho familiar: trabalho interno da proprie-dade, que provém da família.

No capítulo sobre "rendimentos" as diferenças entre a forma cam-ponesa de fazer agricultura e as formas capitalistas são escrutinadas em detalhes. Os interessados no debate sobre eficiência e eficácia de modelos produtivos vão adorar essa discussão sobre a performance técnica das grandes, (supostamente) produtivas e capitalistas unida-des produtivas *vis-à-vis* as pequenas, (supostamente) ineficientes e familiares. Mas qual é a melhor forma de organizar a produção do trabalho na agricultura? Resposta: aquela forma ou modelo que for mais eficiente na intensificação dos processos produtivos e souber (ou for capaz de) fazer uso mais eficaz dos fatores de produção *produzirá mais com menos*. Mais valor agregado por unidade produtiva significa mais alimentos por quantidade de terra usada e mais rendimento por horas trabalhadas. Como a agricultura familiar camponesa produz de tal forma a usar mais intensivamente os fatores abundantes, a força de trabalho e aproveitar ao máximo os recursos disponíveis, sua performance econômica tende a ser superior.

Mas essa capacidade do campesinato não é intrínseca ou natural, nos lembra Ploeg, para não cair no maniqueísmo simplista que esquece de situar os produtores e os processos de produção em contextos e em situações concretas. Muitos economistas e agrônomos (entre outros) continuam a nutrir preconceito sobre os princípios explicativos da abordagem de Chayanov, a saber: os equilíbrios microeconômicos entre trabalho/consumo e utilidade e penosidade, a diferenciação social alcançada pelo ciclo demográfico e pela integração econômica vertical. Os camponeses são grupos sociais heterogêneos e sua reprodução depende do contexto social em que se encontram, das decisões que vieram a tomar as famílias. Mas também dependerá, e muito, dos condicionantes políticos mais gerais, como o papel do Estado e as políticas públicas, assim como da dinâmica dos mercados. Os camponeses não são grupos isolados e não podem viver e se reproduzir sem estar em contato e interação com o ambiente que os cerca.

Além da complicada comparação entre pequenos e grandes produtores, Ploeg discorre de forma eloquente sobre outra questão cara aos brasileiros, que é a questão agrária. Tomando por referência a teoria dos múltiplos e inter-relacionados balanços de Chayanov, o autor apresenta uma definição para a questão agrária que foge dos cânones marxistas ao afirmar que

> nós falamos de uma questão agrária quando as relações entre o modo de fazer agricultura (a forma concreta com que se organiza o setor agrícola), de um lado, e a sociedade, a ecologia e os interesses e perspectivas daqueles que estão diretamente envolvidos na agricultura, de outro lado, estão desequilibrados.

Essa visão da questão agrária se fundamenta no próprio Chayanov. Segundo Jan Douwe, em 1917, Chayanov teria escrito o artigo sobre a questão agrária "Čto takoe agrarnij vopros?" [Afinal, qual é a questão agrária?], associando a questão agrária ao modo como as relações sociais de produção são organizadas em um determinado contexto. Apesar de não restar dúvida acerca da preferência e admiração de Chayanov pelos camponeses, ele afirma que a reforma agrária deveria ser um instrumento para reorganizar as relações entre a sociedade, a ecologia e os agricultores. Nesse sentido, citando Chayanov, Ploeg reforça que

> a reforma agrária não pode ser reduzida a uma mera distribuição de terras [...]. As reformas agrárias precisam ter como objetivo "a máxima produtividade de trabalho na agricultura", uma "redistribuição democrática da renda nacional" (o que presume uma correção do viés das relações entre cidade-campo) e, finalmente, precisam evitar "que qualquer dessiatina fique sem ser cultivado ou que o gado seja abandonado ou abatido".

E Ploeg vai mais longe, ainda seguindo na trilha de Chayanov:

> Reforma agrária implica socialização da terra, mas não pode ser concretizada por meio de um tipo de "absolutismo ilustrado" (uma crítica aguçada, *avant la lettre*, ao leninismo e ao stalinismo), mas que deve "resultar do envolvimento de conselhos eleitos local e democraticamente". "Somente assim contribuições suficientes à formação e ao desenvolvimento do Estado podem ser efetivadas."

Daqui podemos extrair a lição de que a reforma agrária deve cumprir tanto com o objetivo de contribuir para o fortalecimento do campesinato assim como produzir alimentos e organizar as relações com a natureza, gerando riqueza para o conjunto da economia e da sociedade. Portanto, o objetivo da reforma agrária é contribuir para o desenvolvimento social mais amplo e não se restringir a mero ajuste nas desigualdades da distribuição da posse ou propriedade da terra. A reforma agrária deve favorecer tanto as famílias de agricultores como o conjunto da sociedade.

As questões do acesso à terra e do modelo de produção foram centrais nos debates sobre a coletivização agrária promovida por

Stalin, assim como hoje continuam as contendas sobre o futuro dos camponeses e dos pequenos produtores. No início do século XX os camponeses foram sufocados por processos autoritários vindos do Estado, muitos deles foram eliminados, outros perseguidos e subjugados. No século XXI, na época atual, de forma análoga, os agricultores familiares camponeses continuam a ser maltratados, não raro estrangulados pelas grandes cadeias agroindustriais, pelos interesses fundiários e pela usurpação das suas terras. E a reforma agrária continua a ser vista como um arremedo, um paliativo, um favor aos pobres do campo ou uma política social, nem de longe como parte de uma estratégia de desenvolvimento rural.

O "manifesto chayanoviano", *Camponeses e a arte da agricultura*, de Jan Douwe van der Ploeg, vem em boa hora e nos ajudará a cobrir o desconhecimento que existe sobre Chayanov e o campesinato no Brasil. É um livro que serve ao mesmo tempo como uma excelente introdução aos conceitos básicos da teoria social do agrônomo social russo e como ajuda a ampliar e esclarecer o que é a *"condição campo- nesa"* e os processos de recampezinização. No século XXI, segundo Ploeg, ao contrário de um refluxo ou um definhamento, assiste-se a um processo de recampesinização que consiste no resgate dos prin- cípios sobre os quais se assenta o modo de fazer agricultura estudado por Chayanov, mas que atualmente assume características como a coprodução, a multifuncionalidade, a produção de novidades técni- co-produtivas e a construção de novos mercados. Não tem nada a ver, portanto, com um *revival* camponês, como mencionado por alguns comentadores.

Trata-se, portanto, de um livro que atende aos interesses de um público muito variado, a começar pelos estudiosos e pesquisadores, especialmente dos cursos de graducão e pós-graducão em ciências agrárias e sociais. Mas este também é um livro muito apropriado tanto aos agentes que trabalham no meio rural, em órgãos de extensão rural pública, como as Ematers, quanto aos mediadores que atuam em ONGs e outras empresas ou organizações públicas e privadas. No entanto, talvez o público de maior interesse e que mais se bene- ficiará com este livro sejam os sujeitos sociais, aqueles que atuam e participam de movimentos sociais, sindicatos, cooperativas e associações. Esta obra lhes servirá como um guia ou manual sobre como funciona e se organiza uma propriedade e uma família de camponeses. Ah, não vou esquecer dos gestores públicos: os que elaboram, administram e gestionam as políticas públicas para a agricultura familiar no Brasil simplesmente têm a obrigação de ler este livro!

Prefácio

Os camponeses e a arte da agricultura, de autoria de Jan Douwe van der Ploeg, é o segundo volume da série Estudos Camponeses e Mudanças Agrárias, lançada pela Initiatives in Critical Agrarian Studies (Icas – Iniciativas em Estudos Críticos Agrários); o primeiro volume intitula-se *Dinâmicas de classe da mudança agrária*, de Henry Bernstein. A obra de Douwe é, sem dúvida, a continuação perfeita para o texto de Henry. Ambos os livros reiteram a importância estratégica e a relevância das lentes analíticas da economia política agrária nos estudos realizados hoje. A altíssima qualidade das produções indica também que os próximos volumes da série serão, do mesmo modo, relevantes politicamente e rigorosos cientificamente.

Uma breve explicação sobre a série Estudos Camponeses e Mudanças Agrárias ajudará a colocar este volume de Jan Douwe em perspectiva em relação ao projeto intelectual e político da Icas.

Hoje, a pobreza mundial continua sendo um fenômeno notadamente rural, uma vez que três quartos dos pobres do planeta vivem em zonas rurais. O problema da pobreza global e o desafio de erradicá-la, uma questão multidimensional (econômica, política, social, cultural, de gênero, ambiental e assim por diante), estão intimamente ligados à resistência dos trabalhadores do campo ao sistema que gera e continua a reproduzir as condições de pobreza rural e às lutas dos pobres das zonas rurais por subsistências sustentáveis. A preocupação e o foco no desenvolvimento rural, desse modo, permanecem fundamentais para o pensamento sobre o desenvolvimento. Contudo, tal preocupação e foco não significam dissociar os problemas rurais dos urbanos. O desafio é compreender melhor os elos entre ambos, em parte porque as rotas de fuga da pobreza rural pavimentadas pelas políticas neoliberais e pelos esforços das instituições internacionais convencionais, financeiras e de desenvolvimento, envolvidas na pobreza global e líderes em seu combate, em grande medida, simplesmente substituem as formas rurais de pobreza pelas formas urbanas de pobreza.

O pensamento tradicional sobre os estudos agrários recebe financiamentos generosos e, portanto, conseguiu dominar a produção e a publicação de pesquisas e estudos sobre questões agrárias. Muitas das instituições (como o Banco Mundial) que divulgam esse pensamento também conseguiram sucesso na produção e propagação de publicações altamente acessíveis e orientadas para políticas amplamente disseminadas mundo afora. Pensadores críticos de renomadas instituições acadêmicas têm habilidades para, de muitas formas, desafiar e, de fato desafiam, essa corrente tradicional, mas costumam ficar confinados aos círculos acadêmicos com limitado alcance e impacto sobre a população em geral.

Ainda há uma lacuna significativa para suprir a carência de acadêmicos (professores, especialistas e estudantes), ativistas de movimentos sociais e profissionais de desenvolvimento de norte a sul, por livros dotados de rigor científico, porém acessíveis, politicamente relevantes, orientados para políticas e a preços módicos, nos estudos agrários de teor crítico. Atendendo a essa necessidade, a ICAS lança esta série de pequenos livros primorosos que explicarão um determinado tópico de desenvolvimento com base em questões-chave como, por exemplo, quais são as questões e debates da atualidade sobre esse tema em particular; quem são os principais especialistas/pensadores e os verdadeiros profissionais atrelados às políticas; como surgiram e se desenvolveram esses posicionamentos ao longo do tempo; quais são as possíveis trajetórias futuras; quais são os principais materiais de referência; e como e por que é importante que profissionais de ONGs, ativistas de movimentos sociais, órgãos oficiais de auxílio ao desenvolvimento e agências não governamentais de doação, estudantes, acadêmicos, pesquisadores e especialistas na política se envolvam de maneira crítica com os principais pontos explicados no livro? Cada livro combina a discussão teórica e focada nas políticas com exemplos empíricos de diferentes lugares do mundo.

A série sobre Mudanças Agrárias ficará disponível em diversos idiomas, pelo menos inicialmente em três línguas além do inglês: mandarim, espanhol e português. A edição asiática é organizada em parceria com a Faculdade de Desenvolvimento e Ciências Humanas da Universidade Agrícola da China, em Pequim, com a coordenação de Ye Jingzhong; a publicação em espanhol é coordenada pelo programa de PhD em Estudos de Desenvolvimento da Universidade Autônoma de Zacatecas, no México, com a coordenação de Raul Delgado Wise; e esta edição em português é realizada no Brasil junto à Universidade Estadual Paulista (Unesp), câmpus de Presidente Prudente, no Brasil, com a coordenação de Bernardo Mançano Fernandes.

Mediante essa explicação sobre o contexto e nossos objetivos, fica fácil compreender por que estamos tão satisfeitos e honrados por contar com os livros de Henry Bernstein e de Jan Douwe van der Ploeg como o primeiro e segundo livros da série, respectivamente: juntos são a combinação perfeita de tema, acessibilidade, relevância e rigor. Estamos entusiasmados e otimistas com o brilhante futuro que aguarda a série Estudos Camponeses e Mudanças Agrárias!

Saturnino M. Borras Jr., Max Spoor e Henry Veltmeyer
Editores da Icas Book Series

AGRADECIMENTOS

Meus agradecimentos aos camponeses de Catacaos, Antapampa e Luchadores, no Peru; Guarne, Argélia, Sonson e Choco, na Colômbia; Buba e Tomball, na Guiné Bissau; Reggio Emilia, Parma, Campania e Umbria, na Itália; Namialo, em Moçambique; Mtunzini e Empageni, na África do Sul; Trás-os-Montes, em Portugal; Sangang, na China; Londrina e Dois Irmãos, no Brasil; e sobretudo aos camponeses da Frísia e do restante da Holanda. Individual e coletivamente, eles me ensinaram lições importantes. Assumo total responsabilidade se o texto a seguir não refletir de maneira fidedigna as práticas, os sonhos e os ensinamentos dessas pessoas.

Também sou grato a Saturnino M. Borras (Jun) que me convidou para elaborar este texto. Agradeço a Ye Jingzhong por organizar e participar de reuniões anuais com Jun Borras, Henry Bernstein e muitas outras pessoas. Essas reuniões me deram coragem para assumir a tarefa de escrever este pequeno livro sobre uma das grandes ideias que precisam ser contadas, recontadas e debatidas, pois a sua relevância não diminuiu. Obrigado a Nick Parrott pela cuidadosa edição deste texto.

Obrigado ainda ao pessoal da Fernwood Publishing pelos esforços em prol da publicação deste livro: Errol Sharpe pela edição, Marianne Ward pela revisão, Brenda Conroy pela diagramação, John van der

Woude pela concepção da capa, Beverley Rach pela coordenação da produção e Nancy Malek pela divulgação. Todos fizeram um excelente trabalho.

1
Os CAMPONESES E AS TRANSFORMAÇÕES SOCIAIS

Uma questão controversa

Em se tratando da questão camponesa, a esquerda radical sempre foi muito dividida. Em diversos aspectos ainda é – embora se observe claramente, nos debates políticos e científicos, nos novos movimentos sociais e na realidade sociomaterial propriamente dita, indícios de que o grande racha esteja se estreitando. Se isso parece otimista demais, podemos argumentar que a divisão não está exatamente sendo estreitada, mas se torna cada vez mais irrelevante (o que também pode representar uma forma de solucionar controvérsias, sobretudo as políticas). As controvérsias mais antigas estão esmorecendo porque testemunhamos, em muitas partes do mundo, novas tendências de desenvolvimento que seguramente ultrapassam os limites dos debates anteriores.

Historicamente, as principais controvérsias estiveram fortemente associadas a dois principais porta-vozes, Vladimir Lenin e Alexander Chayanov que, nas primeiras décadas do século XX, envolveram-se em polêmicas incisivas que refletiam diferentes interesses e perspectivas já em estado de dormência na sociedade russa durante muito tempo e que drasticamente vieram à tona logo após a revolução de 1917. Na época, a Rússia era basicamente um país agrário.

4 JAN DOUWE VAN DER PLOEG

A indústria representava apenas uma pequena parte da economia nacional. O número de camponeses era muito maior do que o de trabalhadores da indústria e, embora os empreendimentos agrícolas capitalistas começassem a surgir (e sua relevância fosse fruto de discussões acaloradas), os camponeses representavam a grande maioria de habitantes da zona rural. As comunidades camponesas forneciam a estrutura que regulava o cotidiano da maioria dos russos. Lenin (os bolcheviques, de maneira mais genérica) e Chayanov (representando, de certa forma, o *narodniki*[1]) interpretavam essa realidade de diferentes formas, assumindo posições distintas sobre o papel de diferentes grupos sociais (em particular, o campesinato), o que gerou acirradas controvérsias sobre o futuro da sociedade russa.

Originalmente, a grande divisão era centrada em diversas questões fortemente inter-relacionadas. As mais importantes se debruçavam, antes de mais nada, na definição da posição de classe do campesinato – uma questão que estava nitidamente ligada a assuntos práticos, como a natureza das coalizões e o papel que partes distintas da população pode exercer em processos revolucionários. Em segundo lugar, havia extenso debate sobre a estabilidade das formas (ou "modos") de produção do estilo camponês (ver Bernstein, 2009). Será que eles inevitavelmente se desintegrariam ou seria possível serem reproduzidos ao longo do tempo? Ou haveria processos desiguais, porém combinados, de desaparecimento e reconstituição? Em terceiro lugar, as pessoas envolvidas na transição para o socialismo consideram a agricultura camponesa como algo a ser continuado ou transformado? Os modos de produção camponesa são uma forma promissora de produzir alimentos e fazer contribuições significativas e substanciais para o desenvolvimento da sociedade como um todo? Ou será que outras formas de produção, como as de grandes corporações controladas pelo Estado (sejam kolkhozes, comunas populares

---

1 Movimento revolucionário russo do final do século XIX e início do XX. Tinha como objetivo uma sociedade igualitária fortemente enraizada nas comunidades de camponeses russos. No início do século XX, as ideias desse movimento foram articuladas pelo Partido Social Revolucionário que encontrava sólido apoio no campo (ver Martinez-Alier, 1991).

ou o que seja) são muito superiores? Seria o campesinato um obstá-
culo à mudança na medida em que lutará para bloquear a transição
para formas supostamente superiores? Ou talvez venha a ser um dos
principais propulsores das transformações necessárias no campo?

Atualmente, ou seja, no início do século XXI, muitas dessas
perguntas podem soar absurdamente obsoletas, sobretudo quando
exclusivamente ligadas à conjuntura russa pós 1917. Contudo, precisamos levar em consideração que:

(a) a controvérsia não estava de forma alguma limitada à Rússia.
Os principais porta-vozes daquela época também citavam, e ten-
tavam integrar em suas análises, diferentes experiências de outros
locais: Estados Unidos, Alemanha (em especial a Prússia), Suíça,
Tchecoslováquia, Itália e Países Baixos. Da mesma maneira, o debate
não tardou a se estender em âmbito global de leste a oeste e de norte a
sul. Sempre que o poder era tomado ou ocorriam grandes mudanças
de regime, questionava-se se o socialismo (ou, mais genericamente,
uma sociedade melhor) poderia ser construído oferecendo-se aos
camponeses um papel de destaque no processo total de desenvolvimento rural. Essa dúvida foi recorrente, sobretudo em locais onde
os camponeses estavam à frente das batalhas revolucionárias, no
México, na China, em Cuba e no Vietnã (Wolf, 1969). Nesses países,
os debates muitas vezes levavam a outra importante pergunta: como
organizar a reforma agrária? Essas questões estavam longe de ser
apenas teóricas. Foram uma preocupação imediata no México nos
anos 1930, e depois na Itália logo após a Segunda Guerra, quando a
reforma agrária foi planejada e parcialmente implantada. Em 1974,
foi uma questão central em Portugal e, pouco depois, em Angola,
Moçambique e Guiné-Bissau. Em Cuba, foi também central após
a revolução de Castro e mais uma vez no início da década de 2010;
na China, na segunda metade dos anos 1940 e mais uma vez de 1978
em diante. O mesmo debate surgiu no Vietnã em 1954 e 1986, ano
do Doi Moi. No Japão o debate teve início após a Segunda Guerra
Mundial e nunca mais saiu da pauta. Nas Filipinas, foi uma grande
questão nos anos 1950, ganhou novo fôlego durante as eleições de
1986 e se intensificou durante e após a reforma de Aquino de 1988.

A América Latina testemunhou discussões semelhantes e, embora houvesse constantes focos específicos (como o período das Ligas Camponesas, no Brasil, e da radical Reforma Agrária, no Peru), enfim o debate abrangeu a totalidade do continente e ajudou a moldar os setores agrícolas que existem hoje. As diversas reformas agrárias que varreram o continente podem ser compreendidas como uma batalha entre os *campesinistas* (a favor da posição chayanoviana) e os *descampesinistas* (que defendiam a abordagem leninista) e vice-versa. Assim, a controvérsia surgida primeiramente na Rússia em 1917 reapareceu continuamente. Nas palavras de Kerblay (1966, p.xxxvi):

Enquanto Lenin [...] exigia o confisco imediato das grandes propriedades [...] e a nacionalização da terra, incluindo a dos camponeses, a Liga da Reforma Agrária [Chayanov era integrante do comitê executivo] contentava-se em propor a transferência de toda terra para os camponeses.

O mesmo debate reapareceu, ainda que em termos ligeiramente diferentes, ao envolver o (potencial) papel das comunidades de camponeses. O *mir*, comunidades russas de camponeses, foi um importante ponto de referência dos movimentos políticos radicais na Rússia. Em todas as outras partes, o potencial papel dessas comunidades em processos de transição também foi reconhecido. José Carlos Mariátegui, por exemplo, um grande pensador radical latino-americano, argumentava que: "A comunidade camponesa incorpora uma efetiva capacidade de desenvolvimento e transformação" (1928, p.87).

(b) As controvérsias não se detiveram exclusivamente às questões agrárias, mas também se estenderam a muitas outras questões. Por exemplo, no Peru era *"el problema del indio"*, a questão da população nativa falante de quéchua e aymara que criava gado nas montanhas andinas e que é alvo de intensa discriminação, exploração e opressão. Mariátegui sabiamente relacionou tal "questão dos índios" à questão agrária, argumentando que o negligenciamento e a subordinação multidimensional da população nativa só poderiam ser solucionados por meio de uma mudança radical nas relações sociais de produção no campo. O mesmo aconteceu, por exemplo, na Itália, onde Gramsci associou a "questão do sul" (no sul da Itália, grandes propriedades de terra exerciam um efeito de estrangulamento que se tornava cada vez mais um ônus para a Itália como um todo) à "questão agrária". A partir da revolta de Turim de 1920, ficava cada vez mais claro que enquanto "os trabalhadores estivessem sozinhos, seriam de fato automaticamente derrotados, a menos que pudessem reunir suas forças às dos campos vizinhos, aos quais estavam ligados por uma porção de laços familiares" (Lawner, 1975, p.28).[2] Muito tempo depois, uma extensão similar da questão camponesa foi formulada na China: a política do *san nang* (três questões rurais) associava a questão camponesa à produção agrícola total e à atratividade da vida aldeã (Ye et al., 2010).

A discussão sobre o campesinato também se estendeu para os debates sobre a contribuição da agricultura para o desenvolvimento da sociedade como um todo.[3] A agricultura estava sujeita a ser brutalmente pressionada para alimentar a acumulação de capital da indústria urbana e oferecer a mão de obra barata necessária. No entanto, houve quem traçasse outras alternativas. Um campo próspero (ao contrário de uma agricultura estrangulada) poderia muito bem se tornar um mercado interno atraente e, dessa forma, oferecer sólido suporte à industrialização (Kay, 2009). Outro debate que veio à tona muito tempo depois estava relacionado à sustentabilidade. É interessante que os precursores desse debate, como Vries (1948), por exemplo, estavam claramente posicionados na tradição chayanoviana. Hoje qualquer discussão sobre os caminhos da sustentabilidade precisa

---

2 "A teoria de Lenin era de que como os camponeses representavam a maioria da população, era fundamental assegurar-lhes apoio ou pelo menos a sua neutralidade. No entanto, ficava claro na Itália que a classe trabalhadora só estaria em condições de reconhecer sua visão de Estado e democracia se encarasse o ônus do problema mais grave da história nacional [...]: a questão do sul" (Lawner, 1975, p.28).

3 Esse debate é conhecido historicamente como o debate Preobrazensky-Bucharin. Foi retomado posteriormente de diversas formas. Uma expressão atual que nitidamente segue a mesma linha pode ser encontrada em Jackson, 2009.

necessariamente debater o papel dos camponeses. Outro debate recorrente diz respeito à pobreza (ver, por exemplo, IFAD, 2010). Tragicamente, a quantidade de pobres no mundo continua em constante crescimento, chegando à estimativa de 1,4 bilhão em 2010. Em geral, 70% dos pobres do mundo são de zonas rurais, vivem no campo e dependem, em diferentes graus, de atividades agrícolas. A escassez de alimento é um fenômeno frequente e recorrente e estima-se que a produção mundial de alimentos precise ser duplicada até 2050, quando a população mundial deverá atingir o pico. Contudo, nem a escassez de alimentos em curto prazo, nem a necessidade de crescimento agrícola em longo prazo resultam em oportunidades para esses pobres do campo. Em vez disso, estimulam novos investimentos corporativos (a usurpação de terras é o exemplo mais latente) que danificam e destroem ainda mais a subsistência de muitas pessoas das zonas rurais.

(c) Por fim, mas não menos importante, ficou cada vez mais claro que as questões iniciais e os campos ampliados de debates somados posteriormente não eram relevantes apenas para a esquerda radical. Outras correntes políticas, incluindo a ciência institucionalizada, tiveram de enfrentar e lidar com as mesmas questões. Todos esses domínios se dividiram exatamente sobre os mesmos problemas e nenhum foi capaz de solucionar as controvérsias deles advindas. Mal preparadas no que se refere aos principais conceitos e campos de interesse e ignorando as potencialmente vigorosas contribuições de Chayanov, disciplinas científicas que englobam desde economia agrária e economia de desenvolvimento até sociologia rural e estudos camponeses, bem como instituições como o Banco Mundial e a Organização das Nações Unidas para Alimentação e Agricultura (FAO), não conseguiram contribuir muito para a solução dessas questões (Shanin, 1986, 2009). A solução específica a que alguns chegaram, isto é, declarar a morte do campesinato, também acabou não sendo muito útil.

O objetivo deste livro não é fazer uma extensa reconstrução das polêmicas históricas, assim como ele também não pretende solucioná-las a posteriori. Meu objetivo é sintetizar o âmago do pensamento chayanoviano e conectá-lo aos problemas atuais fundamentais para muitos novos movimentos rurais.

O ponto central da perspectiva chayanoviana é observar que, embora a unidade de produção camponesa esteja condicionada e seja afetada pelo contexto capitalista em que funciona, não é diretamente governada por ele. Na verdade, é governada por um conjunto de equilíbrios. Tais equilíbrios associam a unidade camponesa, seu funcionamento e seu desenvolvimento, ao contexto capitalista mais amplo, porém de formas complexas e definitivamente distintas. Esses equilíbrios são princípios de organização. Eles modelam e remodelam o modo como os campos são lavrados, como o gado é criado, como o trabalho se irrigação é construído e como as identidades e relações mútuas de desenrolam e se concretizam. O âmbito e a complexidade dos equilíbrios envolvidos, que são constantemente reavaliados, dão origem à notável heterogeneidade da agricultura camponesa e criam uma ambiguidade permanente. Por um lado, o camponês é oprimido e não compreendido, por outro lado, é indispensável e altivo. O camponês sofre e resiste: às vezes em momentos distintos, às vezes simultaneamente. Uma confusão similar e contradições visíveis se aplicam à agricultura como um todo; às vezes testemunha processos e períodos de descampesinação e às vezes de recampesinação. Tudo isso pode ser rastreado até as complexas interações entre os diferentes equilíbrios e como cada equilíbrio é projetado e reprojetado por diferentes sujeitos (camponeses, suas famílias, comunidades, grupos de interesses, comerciantes, bancos, aparatos do estado, agroindústrias etc).

A abordagem de Chayanov se dava em dois equilíbrios (um, trabalho e consumo e o outro, penosidade e utilidade) que devem ser balanceados dentro de cada unidade camponesa de uma forma que seja singular àquela propriedade e às necessidades e perspectivas da família camponesa que ali vive e trabalha. Esses equilíbrios fazem a combinação de entidades incomensuráveis (por exemplo, trabalho e consumo) que necessariamente estão relacionadas entre si. Consequentemente, os equilíbrios se constituem em "relacionamentos *mútuos*" (Chayanov, 1966, p.102, grifo nosso). A partir dessa abordagem, discorrerei sobre uma gama de equilíbrios muito mais ampla – alguns internos das atuais unidades camponesas, outros mais genéricos na medida em que associam a agricultura camponesa à dinâmica que ocorre em entornos mais extensos. Com isso, amplifico a abordagem de Chayanov. Ou seja, minha tentativa é no sentido de ir além das limitações de tempo e espaço inerentes à obra de Chayanov (das quais ele tinha plena consciência)[4] e identificar os equilíbrios que funcionam como os mais importantes princípios de organização da agricultura camponesa de hoje. Também tentarei indicar como a agricultura camponesa pode contribuir para responder a alguns dos grandes desafios enfrentados pela humanidade; essas respostas dependem muito de uma coordenação adequada de diferentes equilíbrios – no mínimo, se "espaço" suficiente (Halamska, 2004) for concedido a, ou conquistado por, diferentes campesinatos deste mundo.

Na rica tradição de estudos camponeses que se desenvolveram no mundo inteiro durante o século XX, foram identificados muitos equilíbrios. Demonstrarei que a arte da agricultura,[5] expressão utilizada literalmente por Chayanov em seu livro *Agronomia social* (1924, p.6), resume-se à habilidosa coordenação e entrelaçamento dos equilíbrios que interagem entre si (ver, por exemplo, Chayanov 1966, p.80, 81, 198, 203). Por meio dessa coordenação, as unidades camponesas são transformadas em um "sistema de trabalho bem-sucedido" conforme Dirk Roep (2000) argumentou em relação às terras camponesas holandesas em funcionamento na virada do milênio.[6]

---

4 Thorner observa que, nessa questão, "o próprio Chayanov admitia que a sua teoria se aplicava melhor a países com populações menores do que aos densamente povoados. Também se aplicava melhor a países cuja estrutura agrária tivesse passado por transformações [...] do que a países com estrutura agrária mais rígida. Nos lugares onde os camponeses não podiam de fato adquirir ou agregar mais terra, a teoria dele teria de ser seriamente modificada". (1966, p.xxi). Havia muitas outras limitações. Sempre que necessário irei mencioná-las nos próximos capítulos.

5 *A arte da agricultura* (republicado em 1977), de autoria do agrônomo espanhol Columella, é o mais antigo manual de agronomia do Ocidente e é muito bem escrito.

6 É interessante observar que, cerca de cem anos antes, Chayanov se valeu de uma imagem similar ao se referir à unidade camponesa como uma "máquina" (1966, p.44). Quando escreveu o seu livro, Roep não sabia disso. Contudo, como filho de uma família de camponeses, por meio da experiência de vida cotidiana, ele estava bastante familiarizado com esse aspecto da agricultura.

Também tentarei demonstrar que os equilíbrios avaliados nada têm de estáticos. São dinâmicos: traduzem as aspirações de emancipação dos camponeses em desenvolvimento contínuo agrário e rural – a menos que esse desenvolvimento seja bloqueado por outras relações e circunstâncias. Por fim, demonstrarei que a coordenação e o entrelaçamento de diferentes equilíbrios não separa a unidade camponesa de seu ambiente político-econômico. Em vez disso, conecta-os e, ao mesmo tempo, distancia-os desse ambiente. Cada equilíbrio é uma unidade de entidades inicialmente incomensuráveis que, não obstante, precisam ser combinadas e alinhadas. Dessa forma, é necessário encontrar o melhor equilíbrio possível. Isso implica concessões e quase sempre gera atritos. O engendramento de um equilíbrio e a tentativa de reavaliá-lo (se necessário) muitas vezes se transformam, ou podem promover embate social. Isso vale especialmente quando levamos em consideração as diferentes formas de embates sociais.

Juntos, os diferentes equilíbrios formam um sistema complexo de pensamento que

se apoia em dois princípios básicos: dualismo e relativismo. O dualismo é uma maneira de apreender os opostos que podem ser divididos, mas ao mesmo tempo, permanecem complementares. Por exemplo, todos os territórios dos Andes são divididos entre alto e baixo, com solos que são essencialmente frios e quentes. Contudo, se aplicarmos o princípio do relativismo, esses opostos perdem a sua delimitação absoluta. Por exemplo, terrenos altos se tornam baixos quando o ponto de referência e a percepção do camponês está no primeiro – para um observador externo, um nítido sinal de inconsistência lógica, mas para o camponês, uma adaptação harmoniosa que mescla valores opostos. O ponto de referência é o meio. (Salas; Tilmann, 1990, p.9-10)

A arte da agricultura depende enormemente do bom-senso para avaliar os diferentes equilíbrios. "Podemos afirmar que a arte da agricultura tem as raízes fincadas no uso mais apropriado das diversas particularidades comportadas em sua propriedade" (Chayanov, 1924, p.6). Tais particularidades são compreendidas e gerenciadas como parte de um equilíbrio; somadas elas confluem para um equilíbrio que associa particularidades, por exemplo, a quantidade de terra disponível, o número de cabeças de gado, o número de pessoas capazes de colaborar no processo de trabalho, as economias e investimentos etc., em um sistema de trabalho bem-sucedido. Um equilíbrio é um aparelho regulador (mais ou menos como um termostato). Constantemente registra informações relevantes (por exemplo, a temperatura do ambiente) e transforma isso em respostas e reações apropriadas (por exemplo, aumentar, abaixar, adiar ou interromper completamente o aquecimento). Significativamente, em sua discussão sobre esses equilíbrios, Chayanov em primeiro lugar leva em consideração as características (e, de maneira mais genérica, os interesses, perspectivas e experiências) da família camponesa. Quando falamos do equilíbrio entre trabalho e consumo, não nos referimos ao consumo abstrato, mas às necessidades de consumo específicas (ou concretas) de uma determinada família. O mesmo se aplica ao trabalho: a quantidade e a qualidade de trabalho que uma determinada família camponesa (inserida em uma situação particular) consegue e está disposta a oferecer. Finalmente, a família é uma constelação específica, caracterizada por aspectos específicos, como a razão consumidor/trabalhador (que será explicada posteriormente). No entanto, é o próprio camponês que ajusta e reajusta os diferentes equilíbrios.

Assim sendo, podemos explorar um pouco mais a analogia do termostato para ilustrar a especificidade dos equilíbrios chayanovianos. Em primeiro lugar, enquanto um termostato é alimentado com dados objetivos e reage a eles (por exemplo, a temperatura do ambiente em graus Celsius) – dados inegociáveis e absolutamente fechados a qualquer avaliação subjetiva –, os equilíbrios chayanovianos levam em consideração criticamente o modo como determinados aspectos são percebidos pelos próprios atores envolvidos (isto é, como a temperatura do ambiente é vivenciada pelas pessoas presentes no local). Isso é muito mais complicado do que trabalhar apenas com dados objetivos. Em segundo lugar, enquanto o termostato é um dispositivo totalmente automatizado capaz de funcionar sem a presença permanente ou intervenção de qualquer pessoa, o tipo de equilíbrio chayanoviano é operado criticamente por um sujeito (ou grupo social) – isto é, por um artífice que entenda de agricultura. Em terceiro lugar, o termostato aplica o algoritmo integrado de uma maneira linear, inequívoca e inegociável. O termostato é incapaz de produzir diversidade. Dezoito graus Celsius em uma segunda-feira de manhã é exatamente a mesma coisa em uma quarta-feira à noite. Contudo, ao avaliar o equilíbrio chayanoviano, os sujeitos envolvidos normalmente operam regras que fazem parte do repertório cultural de sua comunidade ou grupo profissional. Essas regras sempre implicam uma interpretação ativa e aplicação adequada a situações específicas. Não são aplicadas em uma relação mecânica, um para um. Não existe matemática simples na agricultura camponesa. Esse é um dos motivos do surgimento da diversidade. Isso também explica por que os agricultores costumam brigar.

Em suma: os equilíbrios chayanovianos criticamente levam em conta a situação específica de cada família camponesa e seu território. Como tal, esses equilíbrios dependem dos sujeitos e não de dispositivos automatizados. O funcionamento de um equilíbrio (ou seja, sua aplicação a uma determinada situação a fim de produzir uma solução) envolve sujeitos capazes de interpretar regras e situações e tomar as devidas decisões. Isso levanta a questão fundamental das relações de gênero, embora elas não sejam abordadas na obra original de Chayanov. No entanto, desde os anos 1980, muitos trabalhos pioneiros são realizados nesse sentido (ver, por exemplo, Rooij, 1994; Agarwal, 1997). Outro conjunto de relações sociais familiares internas que serão cada vez mais decisivas para o futuro da agricultura está ligado à renovação intergeracional e, particularmente, às perspectivas dos jovens na agricultura. Nesse caso, ainda resta muito trabalho a ser feito (White, 2011; Savarese, 2012).

A maioria dos equilíbrios abordados neste pequeno livro diz respeito às relações (sejam elas diretas ou indiretas) entre a unidade camponesa e o ambiente mais amplo. Este costuma afetar a unidade camponesa de maneiras adversas. Isso torna a regulamentação dos equilíbrios relevantes um assunto delicado. Pois não é apenas a família de camponeses que está em busca do melhor equilíbrio possível. Órgãos externos (tais como agroindústrias, bancos, empresas comerciais, cadeias varejistas, técnicos e extensionistas) também estão ativamente intervindo, tentando reavaliar os diferentes equilíbrios de formas que correspondam melhor a sua própria lógica, ainda que em detrimento dos produtores diretos. Dessa forma, muitos dos equilíbrios a serem discutidos aqui são resultantes de antagonismos ou representantes dos mesmos. São as arenas onde os representantes de diferentes conjuntos de interesses se encontram, lutam, alinham-se e/ou negociam. Analisar um equilíbrio exato para toda e qualquer troca inter-relacionada (ou na terminologia chayanoviana, equilíbrio) torna-se assim parte de lutas maiores. A discussão de diferentes equilíbrios analogamente deixa claro que as lutas camponesas não se restringem às ruas, à ocupação de praças públicas nas capitais ou a atitudes como atear fogo em lanchonetes McDonald's – elas também são lutas quando tentam melhorar o campo ou construir um sistema comunal de irrigação.

Os equilíbrios chayanovianos são o que constitui e regula a agricultura. Eles modelam e remodelam, dentro de determinados contextos restritos a tempo e lugar, o formato e a fertilidade dos campos, a quantidade e o tipo de gado, os lucros gerados pelas plantações e animais etc. Em suma, "o planejamento organizacional da unidade camponesa" (Chayanov, 1966, p.118) e seu desdobramento ao longo do tempo são regulados pelos diferentes equilíbrios. Se belos campos, adubo "bem produzido", colheitas de bons grãos e vacas que geram boas crias são todos expressões da arte da agricultura, então dominá-la, ajustá-la e combinar de forma criativa os diferentes equilíbrios constituem-se no âmago dessa arte.[7] São os instrumentos usados pelo artista para criar essa obra-prima.

---

7 Dominar os diferentes equilíbrios é um elemento fundamental nos repertórios culturais das sociedades camponesas. Muitos balanceamentos são condensados ("institucionalizados") em princípios básicos, provérbios, em blocos locais de conhecimento e em normas e valores locais que determinam como a "boa agricultura" é organizada. Isso ajuda muito a reduzir os custos de transação. (Saccomandi, 1998; Ventura, 2001; Milone, 2004).

Contudo, isso não ocorre apenas na terra. As famílias camponesas empregam os diferentes equilíbrios para transformar seus interesses, perspectivas e aspirações em um roteiro que também especifica o modo como a propriedade se desenvolverá no futuro, o modo de funcionar nos mercados, nas reuniões aldeãs etc.

Os camponeses, em geral, selecionam o balanceamento que serve para distanciar a organização, o funcionamento e o desenvolvimento da unidade camponesa das proximidades do mercado, protegendo assim (ainda que apenas parcialmente) a unidade produtiva, a família camponesa e a comunidade a que pertencem das diversas ameaças inerentes a esses mercados. Portanto, os equilíbrios que se traduzem em um balanceamento específico podem ser compreendidos como um tipo Polanyi de "dispositivo antimercado": ajudam os camponeses e a agricultura camponesa a recuar dos mercados em qualquer momento e lugar que isso se fizer necessário. Assim sendo, não é apenas o Estado que intervém para corrigir quaisquer desequilíbrios significativos que ocorrem entre economia, ecologia e sociedade. É uma determinada parte da sociedade civil (isto é, o campesinato) que "intervém" no desenvolvimento da agricultura, arrancando-a da rota estritamente determinada pela economia. Assim o faz dominando e ajustando os diferentes equilíbrios. O controle ativo do campesinato sobre os diferentes equilíbrios transforma a agricultura em uma constelação que é mais produtiva, oferece mais empregos e possibilita a muitas pessoas mais autonomia e espaço para a autogestão do que se a agricultura fosse controlada unicamente por mercados e/ou relações capital-trabalho.

A relevância política da teoria camponesa

Os debates históricos sobre camponeses e agricultura camponesa não podem ser encarados como brigas irrelevantes ou ultrapassadas. Eles refletem e se relacionam a diferentes caminhos para construir e desenvolver realidades sociomateriais específicas. Os dilemas básicos ainda estão presentes no mundo de hoje – talvez mais do que nunca (Mazoyer e Roudart, 2006, argumentam que a crise econômica geral do capitalismo atual não pode ser solucionada sem uma resposta adequada à pobreza em massa a que estão condenadas enormes porções da população rural). O mesmo se aplica à essência da obra de Chayanov. Trinta anos atrás, Paul Durrenberger questionava "por que [nós] deveríamos acompanhar a obra dele mais de 50 anos depois?" (1984, p.1). A sua resposta para a pergunta ainda parece válida: "A resposta mais simples é que Chayanov desenvolveu uma análise da economia e das unidades de produção domésticas da propriedade camponesa que é relevante onde e sempre que encontrarmos essas formas" (ibid.).

Por, no mínimo, cinco motivos, penso ser importante reconsiderar a "arte da agricultura" mais de cem anos após os primeiros debates terem dividido a esquerda radical da época.

Em primeiro lugar, por um motivo epistemológico. Como Mottura (1988, p.7) explana em uma inteligente introdução a Chayanov, há basicamente duas posições acerca do campesinato, tanto agora como no passado. Uma delas é uma crença acrítica (como o posicionamento populista do passado e o posicionamento atual de "escolher o lado dos camponeses"), a outra é aversão completa. Entre ambas, não há posição crítica, muito menos teoria crítica. Como tentei argumentar no livro *Camponeses e impérios alimentares*, a agricultura camponesa é uma prática sem teoria. O pensamento hegemônico é arrogante e ignorante com relação aos camponeses e aos modos camponeses de agricultura. O mundo moderno se relaciona com as realidades camponesas por meio da crença ou da aversão. Isso torna essas realidades um fenômeno desconfortável, com efeito, realidades constrangedoras. Chayanov é a exceção nesse panorama. Ele mantém a promessa de que devemos desenvolver uma compreensão do camponês e até, possivelmente, construir uma teoria crítica viável. O relacionamento de Chayanov com os camponeses russos pode ser descrito com diversas palavras-chave. Curiosidade é a primeira e mais importante. Curiosidade empírica: o que motiva essas pessoas? Quais são os potenciais implícitos em suas formas de fazer agricultura? Como se relacionam entre si? Como podem contribuir para a sociedade?[8] É evidente que Chayanov tenta encontrar as respostas dentro do campesinato – os camponeses e a agricultura camponesa não são determinados externamente e governados por "leis gerais". Portanto, uma pesquisa empírica sobre a dinâmica do campesinato é fundamentalmente necessária para a elaboração de uma teoria adequada. Isso deve vir acompanhado de outros elementos primordiais: rigor acadêmico, envolvimento e esperança.

A curiosidade introjetada na pesquisa empírica bem embasada foi o veículo, durante as muitas décadas que se seguiram, de uma reinvenção quase implacável da perspectiva chayanoviana. Muitos pesquisadores e intelectuais estreitamente ligados ao campesinato somente depois descobriram o valor e a força da obra original de Chayanov, contribuindo assim para o que hoje nos referimos como a abordagem chayanoviana.

Em segundo lugar, o mundo de hoje testemunha processos em massa, ainda que muito variados, de recampesinação. Há expressões notáveis disso no "retorno" às pequenas unidades familiares na China, no Vietnã e em outros países do Sudeste Asiático – uma vitória esmagadora que fez que mais de 250 milhões de terras camponesas reaparecessem e que transformou a China em uma "mina de ouro" acadêmica para estudos camponeses (Deng, 2009, p.13). Outro processo extraordinário aconteceu no Brasil, onde o êxodo rural (que teve início durante a ditadura militar da década de 1970) foi revertido por meio de um movimento massivo de centenas de milhares de pobres, sobretudo, mas não apenas, vindos de favelas miseráveis e perigosas, rumo ao campo. Eles ocuparam enormes porções de terra que foram finalmente convertidas, depois de prolongadas e árduas lutas, em diversas novas unidades camponesas. De acordo com os dois últimos censos nacionais (1995-1996 e 2006), a quantidade de pequenas propriedades aumentou em cerca de 400

---

8 Em 1966, quando a obra de Chayanov foi publicada pela primeira vez em inglês, exatamente as mesmas perguntas eram levantadas por toda parte. Não em relação à agricultura, mas em relação à agitação no Sudeste Asiático, onde um exército camponês (o Viet Cong) começava a lutar com êxito contra o mais poderoso exército do mundo (que viria por fim a derrotar).

mil, representando um aumento de 10% no número total de estabelecimentos (MDA, 2009). Somadas, essas propriedades camponesas recém-criadas abrangem uma área de 32 milhões de hectares, "o relativo à área agrícola total de Suíça, Portugal, Bélgica, Dinamarca e Holanda juntas" (Cassel, 2007). Outras manifestações de recampesinação podem ser encontradas na Europa. Vou descrevê-las em mais detalhes no Capítulo 6.

Em terceiro lugar, o surgimento de movimentos novos, orgulhosos e poderosos que funcionam internacionalmente e, por consequência, são denominados "movimentos agrários transnacionais" ou TAMS (Borras et al., 2008), como Via Campesina, que significa literalmente "Caminho Camponês". Seu crescimento coincidiu com (e sem dúvida provocou) maior atenção à questão camponesa por parte de ONGs estabelecidas bem como de organizações internacionais que funcionam dentro da estrutura das Nações Unidas. *Les paysans son de retour* (Os camponeses estão de volta) é o título de um livro de 2005 de autoria de Perez Vitoria. Estão de volta mesmo, na prática e na política.

Em quarto lugar, a percepção cada vez mais clara de que a agricultura camponesa detém uma importante resposta à grande parte dos novos tipos de escassez que surgiram (comida, água, energia, emprego produtivo etc.) que ameaçam o futuro do planeta (retomarei essa resposta no Capítulo 5). A agricultura camponesa também pode exercer um papel na colaboração para mitigar as mudanças climáticas, pois, como alega a Via Campesina, a agricultura camponesa exerce um efeito de "resfriamento" e não de aquecimento. O mesmo se aplica quando pensamos sobre a crise econômica e financeira, que contribui consideravelmente para a volatilidade dos mercados: nesse caso, a agricultura camponesa assume a frente uma vez que oferece uma forma extremamente resiliente de produção alimentícia.

Finalmente, em quinto lugar, devemos levar em consideração que, nas últimas décadas, a teoria radical ultrapassou muitas categorias que eram intimamente relacionadas a gênesis e aos áureos tempos do capitalismo industrial. O proletariado clássico do passado dissipado em diversas "classes de trabalho" (Bernstein, 2010a); a fábrica clássica não é mais o local central de confronto entre trabalho e capital. O antagonismo entre ambos agora se manifesta em muitos lugares amplamente distribuídos e assume formas novas e muitas vezes intrigantes (Hardt; Negri, 2004). As teorias políticas que tentam descrever seriamente essas mudanças (por exemplo, Harvey, 2010, e Holloway, 2002; 2010) desenvolveram novas abordagens que lançam nova luz sobre velhos assuntos, oferecendo por vezes perspectivas inesperadas.

Essas abordagens recém-surgidas não só ressaltam, ainda que indiretamente, a relevância da obra inicial de Chayanov, mas também dão margem a mais elaboração dessa obra. Combinando Chayanov e grande parte do trabalho posterior com esses novos enfoques políticos, podemos melhorar nossa compreensão sobre as diversas lutas rurais que ocorrem no mundo hoje à medida que novos movimentos rurais tentam mudar o mundo.

Para fins de introdução, resumirei aqui três conceitos (retornarei a eles no último capítulo). O primeiro é multitude. Os camponeses do mundo de hoje são multitudes. Dominam a arte de não serem governados (Scott, 2009; Mendras, 1987); são altamente heterogêneos; as fontes que inspiram a ordem dos processos de trabalho se estendem para muito além da lógica de mercado: natureza, sociedade e repertórios culturais são princípios de organização igualmente importantes (como discutirei no decorrer do livro). Eles resistem à divisão do processo de produção em tarefas separadas, assim como reparam a tendência a externalizar muitas dessas tarefas. Criam coletivos – um segundo conceito importante.[9] Os coletivos – como, por exemplo, terras ocupadas no Brasil, reservas compartilhadas de sementes por toda a América Latina e África, obras de irrigação na China, novas relações cidade-campo na Europa e mercados locais recém-construídos no mundo todo – acabam sendo altamente produtivos e representam uma alternativa potencialmente convincente ao capital corporativo.

---

9 Coletivos se referem aos recursos de uso e posse coletivos (ou "recursos de acesso comum"), conforme denominado por Ostrom (1990), empregados para a geração de valor.

Em terceiro lugar, há o conceito de interstícios, isto é, os espaços em que ocorrem os antagonismos. Os interstícios são fendas no sistema global, buracos estruturais que surgem como resultado de massivos processos de exclusão. São os vácuos que os aparatos estatais não conseguem regular por meio da máquina institucional. Alguns desses interstícios simplesmente aparecem, outros são ativamente criados a partir de realidades quase sempre caóticas e contraditórias em que todos nós transitamos.

As famílias camponesas funcionam na intersecção de diversos interstícios. O primeiro é, obviamente, representado pelo fato de que o seu trabalho não é assalariado. Não está diretamente subordinado ao capital, ainda que o capital de fato tente construir e colocar em prática mecanismos complexos e muitas vezes profundamente embrenhados para o controle do trabalho camponês. Por meio do ajuste ativo e conhecedor dos diversos equilíbrios inerentes à unidade camponesa de hoje, muitos camponeses distanciam o funcionamento e o desenvolvimento de suas propriedades da "lógica do capital". Ou seja, criam interstícios. Além disso, cada vez mais criam vínculos com outros que criam e funcionam dentro de outros interstícios – em geral, dando origem a novos movimentos sociais. De modo geral, os interstícios são locais de lutas permanentes, berços de resistência e às vezes surgem como lugares onde são forjadas sólidas alternativas aos acordos capitalistas. São os lugares onde as multitudes estão localizadas e onde a singularidade é produzida e reproduzida. Retomarei essas questões no último capítulo.

Agricultura camponesa e capitalismo

Chayanov (1966, p.222) deixou escandalosamente claro que a propriedade camponesa "existe dentro de uma economia dominada por relações capitalistas; está imersa na produção de mercadorias das quais é uma ínfima produtora, vendendo e comprando a preços fixados pelo capitalismo das mercadorias e o seu capital circulante pode depender de empréstimos bancários".

Por meio dessas conexões, cada pequeno empreendimento camponês se torna uma parte orgânica da economia mundial, vivencia os efeitos da vida econômica geral do mundo, tem a sua organização poderosamente regida pelas demandas econômicas do mundo capitalista e, por sua vez, junto com milhões como ele, afeta todo o sistema da economia mundial. (ibid., p.258)

Em suma, as propriedades camponesas são parte do sistema capitalista. No entanto, também é verdade que uma unidade camponesa (a) é uma parte subordinada (ver, por exemplo, ibid., p.257); (b) não é uma unidade de produção capitalista em si mesma; e (c) funciona de uma forma que muitas vezes é antagonicamente diferente da forma em que os empreendimentos agrícolas capitalistas são administrados.

A propriedade camponesa não é estruturada como um empreendimento capitalista; não está fundamentada em uma relação capital-trabalho. O trabalho, dentro dela, não é assalariado. E o capital não é capital no sentido marxista (isto é, não é capital que precisa gerar valor excedente a ser investido a fim de gerar mais valor excedente). Na unidade camponesa, "capital" são as ferramentas disponíveis, as instalações, os animais e os estoques. Entretanto, esse "capital" não é de modo algum "um valor que gera valor excedente", como Kautsky (1974, p.65) interpretou. As instalações, os equipamentos etc., são os instrumentos (ou meios) de facilitar e aprimorar o processo de trabalho (ver Box 5.1, p.113). É a ausência da relação capital-trabalho que transforma determinadas unidades de produção agrícola em propriedades camponesas. É esse o fator de definição decisivo da abordagem chayanoviana.

A estrutura interna específica de uma unidade camponesa significa que ela é quase sempre administrada de formas decisivamente diferentes dos empreendimentos agrícolas capitalistas – e é justamente essa diferença que é de enorme importância. Nas palavras de Chayanov (1966, p.89), "Há situações em que a fazenda capitalista para, enquanto a propriedade camponesa continua a produzir". Thorner (1966, p.xviii) afirma:

Nas condições em que as empresas capitalistas iriam à falência, as famílias camponesas poderiam trabalhar mais horas, vender mais barato, abrir mão do excedente líquido e ainda conseguiriam dar continuidade à produção agrícola, ano após ano. Por esses motivos, Chayanov concluiu que o poder competitivo da família camponesa *versus* o das fazendas capitalistas em larga escala era muito maior do que havia sido previsto nos escritos de Marx, Kautsky, Lenin e seus sucessores.

Mariátegui (1928, p.103) reforça esse ponto: "Vemos por toda parte ao nosso redor que o proprietário de grandes terras não está interessado na produtividade física da terra, mas apenas na lucratividade".

A agricultura camponesa integra o capitalismo, mas de maneira conflituosa. Gera interstícios e atritos. É o berço da resistência que produz alternativas que atuam como crítica permanente aos padrões dominantes. Chegam aonde fazendas capitalistas não chegam. A agricultura camponesa é "anaeróbica" (Paz, 2006); é capaz de sobreviver sem o oxigênio do lucro tão necessário à agricultura corporativa. Fazer parte do capitalismo também gera desequilíbrios. E através dos diversos ajustes, muitas das principais contradições se reproduzem na propriedade camponesa. Consequentemente, também há lutas dentro da família camponesa, assim como no campesinato como um todo.

Tudo isso significa que não só é possível – como argumentou Little (1989) de forma irrefutável – combinar a análise político-econômica (para pesquisar o contexto e como ele se dá na unidade camponesa) e a abordagem chayanoviana (para compreender a transformação específica e o desenvolvimento de respostas), mas quase sempre é necessário fazê-lo. O objetivo não é detectar todas as diferenças nos mais insignificantes detalhes e supostas incompatibilidades entre ambas, mas em vez disso, fundi-las em uma única ferramenta teórica forte.

Este livro refuta a visão (dominante) de campesinato como um fenômeno que esteja necessariamente limitado ao passado e à periferia. Tampouco aceita a visão de que a modernização da agricultura no Ocidente tenha eliminado os modos camponeses de agricultura. É verdade que as sociedades camponesas desapareceram, exatamente como uma nova forma de agricultura surgiu baseada no modelo empresarial (modelo este que envolve uma remodelação completa de muitos dos principais equilíbrios). Contudo, o modo camponês de agricultura continuou ajustando-se a novas circunstâncias e desde o início dos anos 1990 se revitalizou, se fortaleceu e se ampliou; em suma, passou por um renascimento. Muitos agricultores (utilizo o termo "agricultores" como um conceito genérico que engloba muitos tipos diferentes) no mundo inteiro continuaram ou recomeçaram a produzir como camponeses. Assumem a tarefa de diversas maneiras de acordo com as exigências, dificuldades e possibilidades que têm diante de si no início do século XXI.

Os camponeses da América Latina e do noroeste da Europa, por exemplo, são entidades bastante diferentes, e qualquer tentativa de agrupá-los em uma única categoria analítica – "camponeses" – obviamente levanta a pergunta: "o que eles têm em comum?". Bernstein (2010a, p.112) analisou a questão perguntando, "Existe alguma relação social comum com o capital?". Acho que o argumento de que os camponeses compartilham algumas condições comuns de existência face ao capital corporativo e, portanto, possuem uma base comum para a ação coletiva na busca de interesses comuns fornece uma base sólida para agrupá-los legitimamente como uma entidade única (Bernstein, 2010b, p.308).

O que faz de Chayanov um "gênio"?

Vou me abster de apresentar uma biografia de Chayanov. Isso já foi abordado por outros autores (Kerblay, 1966; Sperotto, 1988; Sevilla Guzman, 1990; Danilov, 1991; Abramovay, 1998; Shanin, 2009; Wanderley, 2009) que fizeram um trabalho muito melhor do que eu jamais esperaria fazer. Contudo, faço questão de ressaltar que sua genialidade não era inspiração divina: ele foi, como todos nós (e talvez, sobretudo como os gênios entre nós), um produto das próprias circunstâncias. Em primeiro lugar, havia o cenário histórico específico que incluía o infinito, porém altamente diversificado, campo russo, a depressão econômica em meados do século XIX, os diversos *mirs* (comunidades camponesas) e movimentos políticos radicais (a maioria conhecida sob o guarda-chuva do *narodniki*) que contemplavam um futuro russo que seria construído no campesinato e junto com ele (Sevilla Guzman e Gonzalez de Molina, 2005, apresentam um panorama sucinto desses movimentos e seus programas). Chayanov estava mais do que familiarizado com esse cenário. Ele também conhecia a vida camponesa por meio de muitos encontros diários, como fica evidente na leitura de diversos fragmentos de *Agronomia social*, obra disponível apenas em alemão e, portanto, pouco conhecida em outros países. No entanto, ele tinha outra maneira de conhecer a agricultura camponesa e sua dinâmica: uma maneira relativamente original na época.

Em segundo lugar, Chayanov tinha acesso a um banco de dados exclusivo: as estatísticas *zemstov*. Auhagen, que escreveu o prefácio da primeira tradução alemã de *A teoria da agricultura camponesa*, observou: "Não conheço nenhum outro país além da Rússia com tamanho banco de dados agrícola" (1923, p.1). Chayanov, de sua parte, observou, possivelmente com orgulho, que o próprio Karl Marx expressou admiração e interesse pelas estatísticas *zemstov* (1923, p.7). Esses dados valiosos permitiram a exploração e a análise de padrões empíricos que refletiam o funcionamento de diferentes equilíbrios. Somada a métodos bem desenvolvidos de análises estatísticas, a disponibilidade desse rico material criou uma oportunidade única.

Em terceiro lugar, Chayanov tinha a vantagem de trabalhar e viver em um período de transição que começou com a Revolução Bolchevique de 1917 – embora essa mesma vantagem viesse a ter por fim consequências letais. Ele foi preso, submetido a um pseudo-processo e morreu no Arquipélago Gulag. Entretanto, antes de esses trágicos episódios se tornarem uma característica sistemática da sociedade soviética, a Rússia pós-revolução era um caldeirão vívido de ideias em ebulição, onde as perspectivas de mudança rural de grande projeção eram amplamente discutidas. Chayanov, que estava envolvido em muitos níveis, foi um dos que incorporaram o otimismo desses movimentos.

Juntos, esses três ingredientes viabilizaram um mix ímpar de circunstâncias que foram transformadas por Chayanov em pelo menos três grandes e, na época, absolutamente inovadoras, linhas de raciocínio:

1) Uma teoria sobre a agricultura camponesa que incluía uma primeira tentativa de decifrar a dinâmica da unidade camponesa individualmente e da agricultura camponesa como um todo. Essa teoria em micronível foi associada a uma discussão mais geral (no nível macro) em que o "Estado isolado" (ou a "ilha") era usado como metáfora, com um forte indicativo da importância da regulamentação cuidadosa do mercado interno (ou nacional), sobretudo em se tratando de comércio internacional. Chayanov também desenvolveu uma visão utópica sobre como a agricultura camponesa poderia se desdobrar em uma sociedade próspera situada em algum ponto do futuro. Ele o fez anonimamente, usando o pseudônimo de "Ivan Kremnev", em um romance de 1920 que descreve a saga do "Irmão Alexis" (Chayanov, 1976).

2) Um esboço do que ele chamava de "agronomia social", que segundo muitos autores foi o ponto de partida da extensão rural e dos estudos sobre extensão. É também um esboço de uma agronomia que reconhece a centralidade das interações entre, e a transformação mútua de, pessoas e natureza (em vez de enxergar a agricultura como algo governado unicamente pelas "leis da natureza").

3) Uma teoria de cooperação vertical (ao contrário da "cooperação horizontal" imposta pela "coletivização" que se seguiu posteriormente), que é um exemplo preliminar da teoria da transição (Kerblay, 1985).

A última dessas linhas de raciocínio, ou seja, a cooperação vertical, merece uma explicação mais completa. Refere-se à construção de cooperativas fortes, seja a montante ou a jusante da unidade camponesa. Do lado a montante, poderia haver cooperativas que produzem e entregam insumos (ex.: fertilizantes, máquinas, linhas de crédito) a propriedades camponesas. Do lado a jusante, o processamento e a comercialização das diferentes produções das unidades camponesas. Tais "cooperativas fornecem aos pequenos empreendimentos todos os benefícios dos grandes" (Chayanov, 1988, p.155). Durante os anos que precederam a revolução de 1917, o movimento de cooperativas havia obtido um impulso considerável no campo russo. O aproveitamento dessa extensa rede de cooperativas foi decisivo para um projeto político muito mais amplo: a transição da Rússia, um projeto que foi antecipado para abarcar a reforma agrária radical. Esse projeto transicional viria a ser guiado por três objetivos claros: 1) aumentar a produção agrícola o quanto fosse possível, contribuindo assim para o crescimento total da economia nacional;[10] 2) empenhar-se para maximizar a produtividade do trabalho agrícola; e 3) distribuir a renda nacional de maneira mais equitativa. Do ponto de vista de Chayanov, essa transição precisava ser fundamentalmente alicerçada no campesinato[11] e levada adiante pelo próprio campesinato: "Há diante de nós milhões de camponeses, com seus próprios hábitos, suas próprias ideias sobre agricultura. São homens que ninguém pode comandar. Fazem o que for de acordo com sua própria disposição e segundo seus próprios conceitos" (ibid.). Nesse e em outros aspectos, Chayanov se aproximou do projeto político baseado no camponês proposto por Karl Marx em uma carta datada de 8 de março de 1881 (Marx; Engels, 1975, p.346). Nessa carta, Marx ressaltou que não existe uma teoria universal do desenvolvimento histórico. As comunas de camponeses

---

10 "Todo o futuro do nosso país [...] depende do progresso rápido e vigoroso de nossa agricultura e, sobretudo, do fato de ela ser ou não capaz de 'cultivar dois brotos de grão onde apenas um cresce hoje'" (Chayanov, 1988, p.154).

11 "Todos concordam que a unidade camponesa deve ser a base para a construção de uma nova agricultura na Rússia" (Chayanov, 1988, p.137).

russos, argumentava ele, tinham a capacidade de seguir diretamente no sentido do comunismo.[12]

Tal visão foi um desvio considerável de seu pensamento anterior. No *18 Brumário*, Marx (1963, p.124) argumentou que:

> na medida em que haja meramente uma interconexão local entre [...] camponeses de pequenas propriedades, e a identidade de seus interesses não promova comunidade, nem laço nacional e tampouco organização política entre si, eles não formam uma classe. São, portanto, incapazes de fazer valer seu interesse de classe em nome próprio [...]. Não podem representar a si mesmos, precisam ser representados.

Aprofundando a questão, podemos agora argumentar que uma vez que os camponeses se comunicam (hoje é totalmente o caso) e compartilham um projeto político unido cujo propósito seja transformar o campo, eles se constituem em uma classe – uma classe que pode ser bastante capaz de deixar a sua marca nas transições que ocorrem em um determinado momento. E é isso que está acontecendo atualmente dentro e por causa dos novos movimentos camponeses transnacionais (como a Via Campesina) e suas agendas radicais por mudança.

Uma prova de linhagem

Muitos cientistas fundamentaram explicitamente a sua obra nas teorias de Alexander Vasil'evich Chayanov. Outros tantos, sem conhecer a obra dele, "reinventaram" a abordagem chayanoviana, basicamente porque a exaustiva pesquisa empírica quase sempre conduz a estruturas conceituais dotadas de semelhanças notáveis com a postura teórica de Chayanov. Na Figura 1.1, tentei esquematizar os estudiosos que mais notadamente se inspiraram, ainda que muitas vezes de maneira crítica, na obra de Chayanov. A linhagem do gráfico

---

12 Ver também Hardt e Negri (2004, p.123 e nota 43).

não se pretende completa, porém serve para ilustrar a longa influência de Chayanov. Apresento-a basicamente para oferecer uma ajuda aos jovens cientistas e ativistas sociais que acabaram de se embrenhar nos estudos camponeses. A especificação geográfica não se refere ao local de nascimento ou residência, mas aos principais locais onde esses eruditos realizaram o trabalho de campo empírico. Quase todos são mencionados ou citados neste livro. Alguns deles (como Martinez--Alier, Sevilla Guzman, Vries e Netting) trabalharam em mais de um continente. O período de tempo se estende mais ou menos de 1900 até os dias de hoje.

Figura 1.1 – Esboço gráfico da tradição chayanoviana

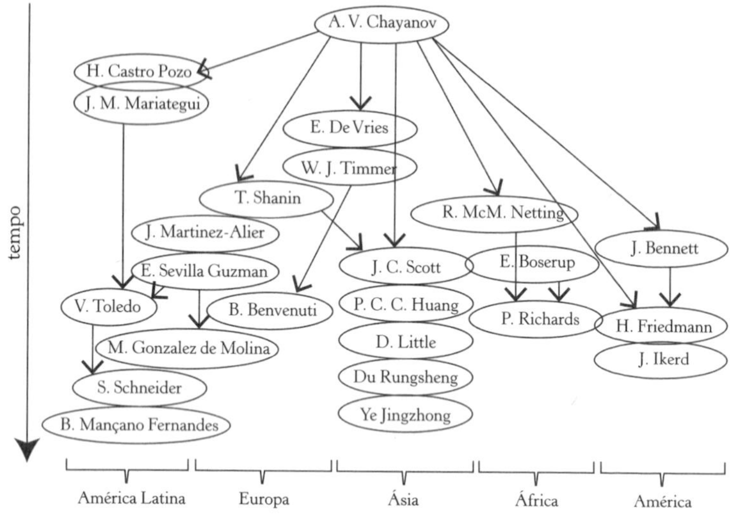

2
OS DOIS PRINCIPAIS EQUILÍBRIOS IDENTIFICADOS POR CHAYANOV

Este capítulo apresenta uma análise em escala micro da unidade e da família camponesas. Não se trata de negar a importância e relevância do nível macro. Pelo contrário. Contudo, há muitas boas razões para manter o nível micro (isto é, a unidade camponesa e a família camponesa em sua individualidade) em foco. Em primeiro lugar, porque muitas das contradições, relações e tendências que caracterizam o nível macro também são expressas no nível micro, quase sempre em sua forma mais crua (Mitchell, 2002). Em segundo lugar, porque o nível micro é onde as sementes da luta e da mudança germinam e se enraízam. Em terceiro lugar, uma das grandes armadilhas dos estudos agrários ocorre por causa da conexão direta que em geral é feita entre as "causas macro" e os "efeitos macro". Essa linha de raciocínio empregada com frequência ignora fundamentalmente o nível micro: o lugar onde as tendências, previsões, relações de preço, mudanças nas políticas agrárias ou qualquer outra causa macro são ativamente interpretadas e transformadas pelos agricultores (e outros sujeitos) em atitude, criando assim os efeitos macro que de fato ocorrem. É como um processo de filtragem, com estímulos (preços, políticas etc.) do nível macro sendo sempre mediados por e por meio dos sujeitos agindo no nível micro. Sem compreender a lógica desses sujeitos não é possível entender ou prever os efeitos ou resultados desses estímulos macro. Um exemplo famoso é o da "curva invertida de fornecimen-to".[1] Chayanov reconheceu o perigo dessa armadilha metodológica:

para esclarecer os processos econômicos gerais [...] devemos elucidar totalmente para nós mesmos o mecanismo de trabalho da máquina econômica (isto é, a unidade camponesa)[2] que, sujeita à pressão dos fatores econômicos nacionais, organiza um processo produtivo em si mesmo e, por sua vez, com outros afins, influencia a economia nacional como um todo. (Chayanov, 1966, p.120)

Essa postura metodológica o ajudou a evitar armadilhas determi-nísticas.

A unidade de produção camponesa: sem salário, sem capital

A análise de Chayanov tem início em um ponto de partida sim-ples, porém contundente. A agricultura camponesa (salvo algumas exceções) se baseia no trabalho não assalariado. O trabalho não é mobilizado pelo mercado de trabalho. É trabalho familiar: trabalho na propriedade fornecido pela família. Embora isso pareça simplório e um tanto óbvio, suas consequências têm um vasto alcance. Como não há pagamento de salário, não é possível calcular os lucros. Logo, os princípios de organização que governam a economia capitalista (por exemplo: a maximização de lucros e as reduções de custos que são obtidas com frequência por meio da redução de insumos de tra-balho) não se aplicam à agricultura camponesa. Portanto, a dinâmica da unidade camponesa é caracterizada e governada por uma busca por equilíbrios internos que seguem outra lógica.

---

1   Uma curva de fornecimento "normal" indica que os aumentos de preço inten-sificarão a produção e os decréscimos de preço reduzirão a produção. Contudo, acontece com frequência de agricultores africanos produzirem menos quando os preços aumentam e agricultores europeus produzirem mais quando os preços caem.
2   Chayanov adorava usar a metáfora da máquina ("a máquina em bom funciona-mento", "a máquina econômica") ao se referir à unidade de produção camponesa.

A diferença entre o produto bruto (obtido pela comercialização da produção da propriedade) de um lado e, de outro, o dispêndio material necessário ao longo de um ano, é denominada produto do trabalho (ou às vezes produto do trabalho familiar). É exatamente idêntico ao que os estudos atuais denominam "rendimentos do trabalho". A renda resultante do trabalho realizado. Essa renda do trabalho ou produto do trabalho é a única importante "categoria de renda da unidade familiar do trabalho de um camponês ou artesão, pois não há como decompô-lo analítica ou objetivamente" (ibid., p.5). Como não há pagamento de salário, a categoria de lucro líquido também inexiste. "Assim sendo, é impossível aplicar o cálculo do lucro capitalista" (ibid.).

Dentro da economia camponesa, o trabalho é em grande parte viabilizado pela família. Isso quer dizer que o mercado de trabalho não rege a sua alocação e remuneração. O mesmo se aplica ao capital (embora esse aspecto não tenha sido explicitamente abordado por Chayanov). Toda unidade camponesa contém, e portanto representa, o capital. No entanto, não se trata do capital da forma compreendida no sentido marxista, como uma relação. O "capital" contido na propriedade camponesa consiste na casa e outras instalações, a terra, as diversas melhorias empregadas nela (estradas, canais, poços, pátios, aumento da fertilidade do solo etc.), os animais, o material genético disponível (sêmen, macho reprodutor), o maquinário, a potência de tração disponível, seja ela qual for. A memória também é uma parte intrínseca desse capital, assim como as redes – de venda de produtos, de obtenção de ajuda mútua ou troca de sementes – e economias (dinheiro disponível para quaisquer compras necessárias) fazem parte dele. Contudo, esse "capital" não é usado para gerar valor excedente a ser investido novamente a fim de produzir mais valor excedente. Ele "não se amolda à clássica fórmula marxista, $D – M – D + d$" (1966, p.10).[3] Tampouco é acumulado por meio da exploração do trabalho

---

3 Aqui "D" representa dinheiro, "M" se refere a uma mercadoria adquirida com esse dinheiro e "D + d" significam o valor inicial de dinheiro ("D") elevado com um valor adicional (ou valor excedente) igual a "d". Portanto, o dinheiro é convertido em uma mercadoria e, em seguida, essa mercadoria (a saber, o trabalho assalariado) é convertida em mais dinheiro.

assalariado de outrem. Na agricultura camponesa, o "capital" nada mais é do que a soma das instalações, máquinas e afins disponíveis. "Atribuindo um valor às instalações, ao gado e aos equipamentos e, somando esses valores, é possível obter o tamanho e a composição do capital fixo das propriedades camponesas russas" (ibid., p.191). Na unidade familiar, o capital é o "capital familiar", assim denominado pela maioria dos agricultores. É parte da base de recursos criada e controlada pela família camponesa. Possui, acima de tudo, um valor utilitário: permite que a família camponesa se envolva na produção agrícola e, assim, ganhe o seu sustento.[4] Esse "capital familiar" representa um patrimônio. A família tenta estender esse patrimônio ao longo de seu ciclo de vida. Isso pode permitir que ela adote processos de produção que exijam menos penosidade e rendam mais utilidade (ver abaixo). Também funciona como uma reserva, isto é, um fundo de seguro, contra safras ruins, pragas etc., e finalmente, ajuda a próxima geração a iniciar a(s) própria(s) terra(s).

O desenvolvimento e o uso do capital familiar não são regidos pelo mercado de capital. Não há uma necessidade intrínseca de produzir uma taxa de retorno que se equipare à taxa de lucro média. Ainda que a taxa de retorno, hipoteticamente, fosse negativa, a unidade camponesa seria capaz de continuar funcionando e ampliar seu patrimônio. O motivo é simples: o patrimônio não precisa render nenhum lucro. Seu valor não está nessa capacidade – em vez disso, está no fato de permitir que a família camponesa se sustente, tanto no curto quanto no longo prazo. Sua utilização não é regida pelo mercado de capital, mas por um roteiro definido dentro e pela família camponesa.

É importante enfatizar que as características discutidas anteriormente (trabalho como trabalho familiar, capital como capital familiar e renda como algo calculado como renda do trabalho) não estão restritas à agricultura tradicional ou a lugares remotos. Elas também estão presentes na agricultura europeia de hoje. A maioria dos agricultores

---

4 Isso obviamente não exclui a possibilidade de relações de capital "penetrarem" na propriedade camponesa. Nos capítulos 4 e 5 discorrerei sobre diversos mecanismos pelos quais isso ocorre, seu impacto e suas implicações teóricas.

de várias partes da Europa é de propriedades familiares, baseadas no trabalho familiar e em um patrimônio que muitas vezes foi construído ao longo de diversas gerações. Isso significa, tanto na teoria quanto na prática, que essas unidades de produção não podem ser compreendidas como empreendimentos cujo desenvolvimento seja direta e exclusivamente ditado pelos mercados. Uma boa ilustração disso, ainda que indireta, é que na agricultura do noroeste da Europa, o chamado "resultado líquido de propriedades" (um conceito virtual que calcula o lucro líquido resultante se todo trabalho tiver recebido taxas de mercado de trabalho e todos os juros sobre todo o capital tiverem sido pagos de acordo com a atual taxa de mercado) da maioria das propriedades individuais – bem como do setor agrícola como um todo – é quase sempre negativo. Não ligeiramente negativo, mas significativamente negativo. Portanto, essas propriedades não podem funcionar, e não funcionam, como empreendimentos capitalistas. Seria completamente impossível. A explicação é que a maioria do "capital" não precisa fornecer a taxa de juros média. Na verdade, o capital disponível representa os recursos necessários para gerar renda de forma independente. O mesmo se aplica ao trabalho, usado para satisfazer as (diversas) necessidades da família (direta ou indiretamente) e também mobilizado para a formação de capital ("a construção de uma linda propriedade", como discutirei posteriormente). Em todos esses aspectos, o comportamento estratégico dos agricultores, o modo como ajustam os diferentes equilíbrios implícitos na propriedade e na família, é decisivo.

Não é possível separar analiticamente a terra da família a que ela pertence e vice-versa. Compreendê-las envolve uma detalhada exploração dos diferentes equilíbrios que operam dentro da família e da unidade familiar. Embora esses equilíbrios funcionem dentro da família, seu funcionamento concreto se estende para além da família. Eles conectam a família agricultora e a unidade agrícola ao ambiente mais amplo em que operam. Tentarei ilustrar essa ideia por meio de uma análise de fluxos de valor e, mais precisamente, como esses fluxos de valor são definidos socialmente. O primeiro exemplo está relacionado à produção de arroz em Guiné Bissau, país onde trabalhei na segunda metade dos anos 1970.

Talvez esse exemplo possa parecer exótico em um primeiro momento, mas não devemos esquecer que a definição social (ao contrário da definição de mercado) de fluxos de valor não se restringe a lugares distantes e menos desenvolvidos, como o sul da Guiné Bissau. O Box 2.2 (p.38) apresenta uma breve explicação do uso de máquinas na Europa. Os fluxos de valor associados são fortemente regidos por diferentes equilíbrios que são informados por valores sociais dos agricultores. Eles ajudam a evitar que a estrutura da propriedade e o processo de produção sejam organizados ou governados diretamente pelas relações de mercado.

Box 2.1 – O silo

O arroz é o principal produto agrícola do sul de Guiné Bissau. É cultivado em pôlderes tropicais, conhecidos na região como *bolanhas*. São campos lindos e, em geral, bastante extensos, protegidos por diques e irrigados com água doce oriunda das montanhas do entorno. Esses campos costumam gerar rendimentos espetaculares. A população balanta domina a técnica de construção de *bolanhas* e produção de fartas colheitas. Utiliza grupos de trabalho (um elemento central do repertório cultural dos balanta) para construção e produção. Finda a colheita, o arroz é armazenado em enormes silos, chamados *bemba* ou *'n ful*. Cada prolongamento familiar (*morança*) possui um silo (ou um silo central e um conjunto de "satélites"), que é controlado pelo chefe do prolongamento familiar. Para quem olha de fora, o *bemba* contém apenas arroz. Contudo, para as pessoas envolvidas nesse trabalho, o conteúdo representa um conjunto complexo de diferentes origens e fluxos de arroz que expressam diferentes obrigações, diferentes destinos etc. Como ilustra a figura a seguir, *bemba* é o lugar de confluência de muitos fluxos, relações e equilíbrios implícitos, os quais são cuidadosamente coordenados entre si.

Na sociedade balanta, muitas relações precisam ser equilibradas. Em primeiro lugar, essas são relações entre passado, presente e futuro. Os estoques são uma expressão estratégica disso: são usados como reserva de alimentos para curto e longo prazo. Nesse ponto, os camponeses balanta se assemelham aos chineses. Eles só venderão (o remanescente da) a safra anterior quando a nova safra estiver garantida. No entanto, a criação de maiores rebanhos de gado e economias para o *fanado*, o rito de passagem que transforma garotos em homens, também são expressões de igual importância do equilíbrio entre passado, presente e futuro.

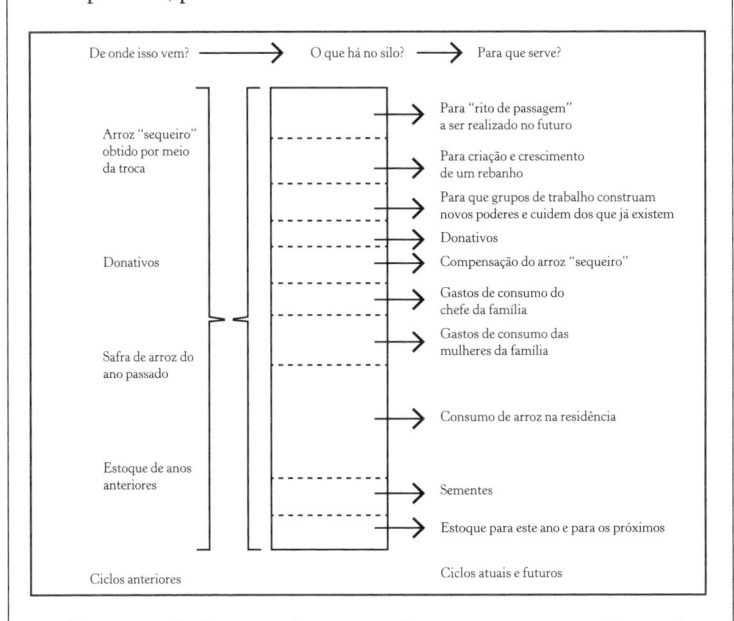

Em segundo lugar, existem as relações com outros. Entre eles, os beafada, um povo vizinho que produz arroz "sequeiro" (não irrigado), de grande preferência dos balanta quando precisam fazer o trabalho árduo de preparação da terra e transplante. Esse arroz fresco e "sequeiro" lhes fornece energia extra. Eles o recebem das famílias beafada e precisam "retornar" um valor correspondente do próprio arroz após a conclusão da própria safra. Em seguida, há os donativos aos parentes da cidade (que costumam oferecer presentes em retribuição) bem como donativos trocados dentro do vilarejo. Tudo isso envolve a manutenção de equilíbrios criteriosos.

Em terceiro lugar, há equilíbrios implícitos no próprio prolongamento familiar. Parte do arroz se destina ao consumo direto, outras partes são vendidas ou trocadas a fim de obter bens de consumo (roupas, pilhas, rádios, bicicletas, armas ou outros) que não podem ser produzidos dentro do próprio vilarejo. Dentro dessa categoria há uma distinção clara entre gastos de consumo pelo chefe do prolongamento familiar ou residência e outros gastos, particularmente das mulheres. Se o equilíbrio for perdido aqui, as mulheres partirão.

Em quarto lugar, as relações entre produção e reprodução (incluindo em grande parte a manutenção das *bolanhas*) precisam ser cuidadosamente controladas. Se houver perda de equilíbrio nesse caso, poderá ocorrer uma degradação irreversível.

A maior parte do arroz armazenado nos silos é vendida (isso se aplica a sete das seções da figura anterior). A circulação do dinheiro obtido, porém, é estritamente limitada a objetivos e destinos predeterminados. Testemunhamos aqui um processo de distribuição definido socialmente que é extremamente flexível. Mudanças de percepções por parte dos sujeitos envolvidos e das negociações entre eles podem fazer que as linhas pontilhadas mudem de posição. Há ainda bastante interdependência mútua. Por exemplo, uma redução nos gastos de consumo em um ano poderia servir para ampliar as contribuições aos grupos de trabalho, aumentando assim consideravelmente as futuras safras. Em termos chayanovianos, isso representaria uma mudança no equilíbrio entre penosidade e satisfação.

Embora esses fluxos de valor sejam definidos socialmente, isso não significa que os padrões de produção e distribuição estejam imunes às influências da sociedade externa ou da história. Pelo contrário, no início do século XX, impostos e trabalho forçado levaram a um forte declínio no cultivo de arroz que só foi combatido quando uma parte considerável da população balanta escapou do controle direto dos colonizadores portugueses. Mudaram-se para os espaços vazios não governados do sul e fizeram que o cultivo de arroz voltasse a prosperar. Atualmente, o cultivo de caju e as importações de arroz barato do Sudeste Asiático ameaçam desencadear outro colapso na produção.

Esse padrão geral orienta muitas outras práticas e relações específicas. Muitos camponeses da Holanda e da Itália (países onde também trabalhei por um tempo considerável) irão, por exemplo, vincular exclusivamente a venda de vacas ou tomates à aquisição de alimentos e ração para, digamos, o rebanho de gado leiteiro. Assim sendo, quando o alimento e a ração adicionais necessários chegarem ao estábulo eles "já estarão pagos", como os camponeses gostam de falar. Por meio desse mecanismo, o agricultor evita que o mercado se torne o princípio organizador do estábulo. A definição social ajuda a manter o mercado "longe" do estábulo. Portanto, a produção de laticínios fica de fato distanciada do mercado.

Ao contrário da propriedade capitalista, o processo de produção dentro da unidade camponesa não é organizado pela lógica do trabalho assalariado e das relações de capital. Se o objetivo fosse lucro, as pessoas certamente venderiam as terras. Contudo, em vez disso, agarram-se a ela, arando-a ou deixando-a ociosa, gerando assim uma gama de efeitos inesperados e, muitas vezes contraproducentes, no nível macro (ver Box 2.3, p.40). Em suma, o processo de trabalho, o uso e o desenvolvimento do patrimônio e, sobretudo, as relações entre patrimônio e trabalho não são governados por relações gerais de capital-trabalho. Podem ser afetados por essas relações, mas não são diretamente moldados e remoldados ("determinados") por elas. O desenvolvimento do processo de produção pode até ir de encontro com a lógica implícita nessas relações gerais de capital-trabalho, assim como pode ir de encontro com as racionalidades vinculadas das diferentes arenas em que tais relações gerais são incorporadas (exemplo: os mercados de trabalho, capital ou alimento).

Box 2.2 – Fluxos de maquinário

Há uma considerável heterogeneidade na agricultura do noroeste da Europa. Isso quase sempre é descrito em termos de estilos de agricultura (ver Capítulo 4 deste livro). Cada estilo é caracterizado por relações organizadas estrategicamente com, por exemplo, mercados a montante, como o de maquinário agrícola. Em determinados estilos (ex.: "agricultores de vanguarda"), os operadores costumam comprar os tratores e máquinas mais novos e reestruturar as propriedades de acordo com as possibilidades oferecidas por essas novas tecnologias. Em geral, eles vendem esses tratores e implementos depois de quatro anos (período legalmente prescrito de depreciação e benefícios fiscais) e compram outros mais novos. Em outros estilos (por exemplo, "agricultores econômicos", que odeiam gastar dinheiro demais), os agricultores preferem comprar máquinas de segunda mão colocadas à venda pelos agricultores de vanguarda. Dessa forma, conseguem comprá-las muito mais barato e podem usar suas avançadas habilidades em mecânica para cuidar da manutenção e usá-las por, digamos, mais doze anos. Isso permite que eles mantenham os níveis de custo muito abaixo daqueles dos agricultores de vanguarda. Assim se dão os fluxos de maquinário de maneiras particulares (da indústria e das concessionárias para os agricultores de vanguarda e, então, para os agricultores econômicos). Tais fluxos de maquinário (assim como os fluxos de arroz na Guiné Bissau) seguem caminhos específicos, por meio de "mercados aninhados" definidos por equilíbrios entremeados desenvolvidos por diferentes estilos de agricultura. Por exemplo, o equilíbrio entre formação de capital e trabalho (que é primordialmente uma expressão concreta do equilíbrio mais geral entre penosidade e utilidade) difere significativamente entre os dois estilos de agricultura.

Existem outras formas de fazer que o fluxo de maquinário corresponda aos equilíbrios implícitos nos estilos de agricultura específicos. Incluem cooperativas de máquinas, contratação de terceiros (em geral, outros agricultores) com maquinário específico ou, claro, padrões de ajuda mútua baseados na reciprocidade.

Tudo isso foi claramente explicado por Chayanov em se tratando da controvérsia sobre os méritos relativos de pequenas e grandes propriedades na agricultura. Naquela época já haviam transcorrido "trinta anos de uma longa polêmica [...] acerca do tamanho das propriedades agrícolas que possibilitam o desenvolvimento da agricultura", uma polêmica em que, como Chayanov observa explicitamente, "as obras de W. Iljin" (isto é, Lenin) exerceram um papel crucial (Chayanov, 1923, p.5). Segundo Chayanov, esse debate foi (e é) fundamentado em mal-entendidos. O tamanho por si só não é um fator decisivo. Há, na verdade, um equilíbrio mutante historicamente entre desenvolvimento tecnológico (que viabiliza propriedades maiores, embora sempre com um nítido limite mais elevado) e as características das unidades de produção que definem um tamanho ideal em termos socioeconômicos. Contudo, essas são considerações de importância secundária.

Se você deseja identificar um problema essencial, não deveria meramente se contentar em comparar características quantitativas de propriedades grandes e pequenas. O desafio é, em vez disso, analisar, em termos qualitativos, a natureza das duas diferentes economias: a capitalista e a [camponesa].[5] (Chayanov, 1923, p.7)

Tamanho é, portanto, uma categoria ambígua. O que poderia ser grande para uma unidade camponesa pode ser pequeno para uma fazenda capitalista. Pode ainda ser grande e pequeno demais. É relativo. Isso também explica "porque não observamos ao nosso redor [grandes partes da Europa na época] um desaparecimento das pequenas unidades camponesas. Pelo contrário, sua patente subia consideravelmente. O motivo disso está [...] em suas especificidades socioeconômicas" (ibid., p.6). Além disso, Chayanov argumenta que essas especificidades, sintetizadas por ele em seu trabalho teórico, compõem "a resposta suficiente e satisfatória às perguntas por que

---

5 Chayanov escreve literalmente aqui (na tradução alemã) *"und der lohnarbeiterlosen"*, isto é, aquele sem trabalho assalariado. Isso equivale à unidade camponesa.

e como as pequenas unidades camponesas provaram historicamente serem capazes de resistir aos empreendimentos capitalistas de grande porte na agricultura" (ibid., p.8).

A mecânica interna das unidades camponesas e fazendas capitalistas é diferente. A busca por uma alta taxa de retorno sobre o capital investido explica por que o empreendimento capitalista é, sobretudo, de larga escala e procura se expandir continuamente. Ser basicamente dependente do trabalho familiar explica por que a unidade camponesa é essencialmente pequena, embora as origens históricas e/ou a grave marginalização também possam exercer algum papel aqui.

A mecânica interna da propriedade camponesa e os argumentos associados de resistência e desenvolvimento são, em grande medida, fundamentados em dois equilíbrios (entre trabalho e consumo e entre penosidade e utilidade) destrinchados em mais detalhes a seguir.

Box 2.3 – Patrimônio no Mediterrâneo

Na Europa mediterrânea, o desejo de manter o patrimônio (para manter a propriedade dentro da família) é um motivador básico que explica a presença e a continuidade de diversas unidades (pequenas propriedades, bem como muitas maiores), existência esta que não poderia ser explicada unicamente pela referência aos mercados. Essas propriedades pertencem a famílias pluriativas: famílias que obtêm renda por meio de uma multiplicidade de atividades, sendo a agricultura apenas uma delas. Os membros da família, fazendo minhas as palavras de Karl Marx, aram os campos pela manhã, lecionam nas escolas locais à tarde e (talvez) escrevem poesia à noite, enquanto degustam o vinho da própria vinícola.

Sessenta e três por cento dos agricultores do sexo masculino na Itália, dentro da faixa etária de 40 a 55 anos, trabalham apenas meio período na propriedade. Dados do censo de 2007 indicam que um número muito maior possuía cônjuges que garantiam uma renda extra com outro serviço. Somente 15% desses agricultores com carga horária de meio período obtêm toda (ou quase toda) renda familiar da terra. Para 43% a contribuição oferecida pela propriedade para a renda familiar é marginal. Além disso, 22% dessas unidades só são viáveis porque parte da renda obtida de outras fontes é transferida para elas.

Essas propriedades não são necessariamente pequenas. Tampouco essas constelações podem ser descritas como resultados de comportamento irracional. A questão é, mais uma vez, que essas propriedades não representam capital (no sentido marxista). Não há uma necessidade imperativa de gerar uma taxa de retorno predefinida. Ademais, o trabalho empregado não é assalariado (a ser pago de acordo com os padrões reinantes no mercado de trabalho).

Por causa dos baixos preços dos produtos das unidades, muitas delas são parcialmente desativadas. Isso exerce um efeito negativo na economia regional, na paisagem e nos ecossistemas locais.

O equilíbrio trabalho-consumo

O coração pulsante de toda unidade de produção camponesa é, segundo Chayanov, o equilíbrio trabalho-consumo, isto é, a relação entre as demandas de consumo da família e a força de trabalho existente dentro da mesma família. "Para nós, a família agricultora é a quantidade inicial primordial na construção da unidade camponesa, o cliente cujas demandas ela deve atender e a máquina de trabalho pela qual a força é construída" (Chayanov, 1966, p.128). Nesse equilíbrio particular, o trabalho se refere à força de trabalho familiar disponível (isto é, as mãos capazes de desempenhar o trabalho) e consumo se refere às bocas a serem alimentadas. Em seu sentido mais limitado, trabalho se refere à produção de alimento, e consumo se refere à ingestão do alimento produzido. De maneira mais ampla, o equilíbrio está relacionado à produção total (incluindo aquela vendida no mercado) e o consumo que deve suprir as muitas necessidades da família, muitas das quais são abastecidas pelos mercados (e pagas com o dinheiro ganho por meio da produção). Deixando bem claro, no mundo de hoje, assim como no passado, é impossível reproduzir a família e a propriedade sem o auxílio dos mercados. Ninguém é independente dos circuitos de mercadorias. *Robinson Crusoé* era ficção, não realidade. Contudo, famílias e terras se relacionam aos circuitos de mercadorias de formas muito distintas (ver Capítulo 4).

Trabalho e consumo são entidades diferentes, incomensuráveis. Ainda assim, precisam ser equilibradas. Uma implica a outra. Sem consumo não haveria trabalho. E o trabalho não faria sentido se não houvesse consumo. No entanto, não existe uma relação simples linear entre ambos. Não são meramente intercambiáveis. Em vez disso, trabalho e consumo[6] precisam ser combinados em um equilíbrio dinâmico que, por sua vez, regula muitas características concretas da propriedade e seu funcionamento. Antigamente na Rússia isso ficava particularmente evidente na extensão em hectares cultivados por cada família agricultora: "a propriedade camponesa ao longo de décadas [...] muda constantemente o volume, seguindo as fases de desenvolvimento da família e seus elementos demonstram uma curva pulsante" (Chayanov, 1966, p.69). Quanto mais bocas precisarem ser alimentadas por um determinado número de mãos, maior a área cultivada. Nos casos de escassez de terra, a mesma mudança na razão consumidor/trabalhador se transforma em intensificação ou expansão de "ofícios, atividades comerciais e outras fontes de renda *não agrícolas*" (ibid., p.94, grifos no original).

O equilíbrio trabalho-consumo não é o único fator que governa a extensão em hectares e/ou os níveis de rendimentos e está longe de ser um fator determinante. Chayanov é bastante explícito quanto a isso: "a família *não é o único determinante do tamanho de uma determinada propriedade*" (1966, p.69, grifos no original). É provável que Chayanov inicie a sua análise discutindo o equilíbrio trabalho-consumo por

---

6 Aqui provavelmente há uma falha na explanação de Chayanov: ele não discute a possibilidade de a família camponesa regular ativamente a razão consumidor/trabalhador por si mesma (por meio do casamento, por exemplo, ou como se faz hoje, pelo controle de natalidade). Ver Hofstee (1985) e Netting (1993, p.315), que demonstram a mudança ao longo do tempo nos equilíbrios demográficos das sociedades rurais.

motivos didáticos – ele menciona posteriormente muitos outros equilíbrios e relações adicionais e/ou de mediação. Somados, fluem para o que Chayanov denomina "planejamento organizacional da unidade camponesa". Trata-se de um todo interdependente: "Nenhum elemento sequer da unidade familiar é livre; todos eles interagem e determinam os tamanhos uns dos outros" (ibid., p.203). É um todo interdependente porque é bem equilibrado ou, como dizia Chayanov, em palavras que soam de certa forma obsoletas hoje em dia, uma "máquina econômica" bem equilibrada (ibid., p.220).

A relevância política do equilíbrio trabalho-consumo

Para que o equilíbrio trabalho-consumo funcione com êxito em uma propriedade, é preciso que atenda fundamentalmente a três condições.

1) A família camponesa precisa receber uma parcela proporcional e aceitável do valor total que produz. Qualquer aumento em seus esforços deve refletir em maior renda. Em suma, o trabalho precisa fornecer uma renda tal que aqueles envolvidos no processo de trabalho considerem "justa" e suficiente para suprir suas necessidades de consumo.

2) As relações em que o processo de trabalho está incorporado devem possibilitar a independência e a liberdade no local de trabalho. Somente a própria família camponesa conhece as condições exatas que existem na propriedade e na família. Portanto, apenas a família pode avaliar (seja pelo diálogo e negociação internos ou pela imposição patriarcal) a natureza exata do equilíbrio necessário. De maneira análoga, apenas a família agricultora pode avaliar quanta utilidade é necessária e quanta penosidade pode ser tolerada. Chayanov (1924, p.5) deixou isso muito claro em *Agronomia social*, ressaltando que estamos lidando com "produtores independentes que administram suas terras de acordo com a própria vontade e o próprio discernimento. Ninguém pode tomar suas terras, ninguém tem o direito de

apresentar ordens a eles". E: "Nenhuma autoridade externa pode administrar a propriedade [...] Apenas o próprio produtor direto que possui vasto conhecimento da terra pode administrá-la com êxito ou, se necessário, modificá-la como achar melhor" (ibid., p.6).

3) O processo de trabalho precisa ser construído mediante uma unidade orgânica de trabalho mental e manual. Aqueles que estão diretamente envolvidos no processo de trabalho são os mesmos que tomam as principais decisões (embora possam haver complexos conflitos geracionais e de gênero). Em outras palavras, o equilíbrio trabalho-consumo impossibilita qualquer ordem externa e qualquer controle externo do processo de trabalho e produção. Isso também impossibilita formas rígidas de "cooperação horizontal" (termo usado por Chayanov para se referir às cooperativas de produção controladas pelo Estado, como os kolkhozes).

A imensa relevância dessas exigências, e do equilíbrio implícito trabalho-consumo, mais uma vez veio à tona ao final dos anos 1970 quando um pequeno grupo de camponeses de Anhui, na China, deflagrou uma revolta que acabou resultando em uma vitória consagradora sintetizada por Netting (1993, p.viii) como "o ressurgimento radical do padrão de pequeno proprietário na China após uma era de coletivização socialista". Os camponeses insurgentes definiram seu posicionamento com o seguinte slogan: "paguem o suficiente ao Estado, economizem o suficiente para a coletividade e tudo que sobrar é nosso" (Wu, 1998, p.12). Esse slogan reflete o típico desejo do campesinato de construir e manter os equilíbrios gerais entre campesinato e Estado que se mostrem justos. Apenas quando esses equilíbrios gerais estão bem balanceados a família agricultora pode suprir suas próprias necessidades por meio de esforços próprios.[7]

---

7 Relações semelhantes existem em outras regiões. Muitos movimentos rurais na Europa (ex.: as recentes greves de produtores de leite) foram impulsionados por um sentimento generalizado de que "o equilíbrio foi perdido".

A relevância científica do equilíbrio trabalho-consumo

A relevância teórica e metodológica do equilíbrio trabalho-consumo como portador da máquina de produção da unidade familiar reside no fato de que deixa claro que a propriedade, seu funcionamento e seu desenvolvimento não podem ser compreendidos como um mero derivado de relações e condições externas – sejam quais forem. Isso é importante quando discutimos, por exemplo, política agrária ou processos transicionais. A produção camponesa é estruturada pelo comportamento estratégico que avalia os equilíbrios necessários e, então, organiza a terra e sua dinâmica para chegar o mais próximo possível desse equilíbrio. As relações e tendências externas são interpretadas e ativamente transformadas em práticas na propriedade. A unidade camponesa é, na terminologia atual, uma "rede de sujeitos" que funciona harmonicamente e combina astutamente terra, plantio, gado, adubagem, sementes, instalações, mão de obra, ofícios, conhecimento, máquinas, redes (e talvez lotes de silvicultura ou jardins de ervas medicinais ou instalações agroturísticas ou um empório). É uma resposta construída ativamente às condições, oportunidades e ameaças externas. Isso não se aplica apenas à propriedade e à maneira como funciona. Aplica-se também à sua dinâmica, isto é, a forma em que se desdobra na prática.

Compreender a unidade familiar como uma máquina econômica bem equilibrada, alinhada aos principais equilíbrios situados na família também refuta a ideia de propriedade camponesa como um sistema intrinsecamente instável, estruturada em uma combinação contraditória entre capital e trabalho.

Marx denominou o camponês que não contrata mão de obra como um tipo de indivíduo gêmeo da economia: "Como proprietário dos meios de produção ele é um capitalista, como trabalhador ele é seu próprio trabalhador assalariado". Além disso, acrescentou Marx, "a separação entre os dois é a relação normal nesta sociedade (isto é, capitalista)". De acordo com a lei da crescente divisão do trabalho na sociedade, a agricultura camponesa de pequena escala deve inevitavelmente dar lugar à agricultura capitalista de grande escala. (Thorner, 1966, p.xviii)

Muitos outros marxistas rejeitaram categoricamente a conceitualização da unidade camponesa como fadada à extinção. Rosa Luxemburgo (1951, p.368) escreveu:

> é uma abstração vazia aplicar simultaneamente todas as categorias da produção capitalista ao campesinato, imaginar o camponês como seu próprio empreendedor, trabalhador assalariado e proprietário, tudo em uma só pessoa. A peculiaridade econômica do campesinato [...] está justamente no fato de ele não pertencer nem à classe de empreendedores capitalistas, nem à de proletários assalariados, no fato de não representar a produção capitalista, mas apenas a produção de mercadorias.

Uma rede de sujeitos bem equilibrada só pode ser construída se houver uma estratégia clara centralizada em objetivos bem especificados. Qual é, questionava Chayanov, "a força que une todos os elementos desse sistema?" (1966, p.103) É, sem dúvida, a busca por uma melhor renda familiar. Simples assim. Contudo, justamente essa simplicidade realça dois pontos principais que ajudaram a moldar o mundo como o conhecemos hoje. Em primeiro lugar, o lugar de produção é o local onde a família camponesa luta pela emancipação (materializada por rendas melhores que, por sua vez, ajudam a melhorar a propriedade). Em segundo lugar, essa luta resulta em aumentos contínuos na produção agrícola. Consequentemente, a busca pela emancipação é o principal e decisivo incentivador da produção agrícola.

O papel central da luta para melhorar a renda pode ser ilustrado pelas fortes correlações existentes entre a renda ganha com a agricultura e diversas características estruturais da propriedade, tais como área de plantio, valor das instalações e equipamentos, quantidade de vacas e animais de tração etc. (ver tabela 3-18 em Chayanov, 1966, p.103). "A família agricultora, em busca do maior pagamento por unidade de trabalho" (ibid., p.109) promove o desenvolvimento da propriedade (isto é, amplia a área de plantio, o número de vacas, bois e cavalos e investe na formação de capital) a fim de gerar uma renda melhor – e quanto mais bem-sucedida conseguir ser, melhor será a renda familiar. Em outras fontes Chayanov escreve: "é óbvio que quanto maior for a produção anual, mais fácil será para a família encontrar, a partir dela, os meios para a formação de capital" (ibid., p.11).

Entretanto, esse ciclo está sujeito a limitações, que por vezes são graves. Em primeiro lugar, é limitado pelo trabalho familiar disponível. Isso significa que a intensidade de trabalho (a quantidade de trabalho investida por unidade de terra) é restrita. Em segundo lugar, a intensidade de capital (a quantidade de capital por unidade de terra) também é restrita: não pode ultrapassar os níveis pressupostos pelas tecnologias disponíveis, nem pode ir além das possibilidades familiares de formação de capital. Logo, a injeção de trabalho e de capital depende de outro equilíbrio – entre utilidade e penosidade.

O equilíbrio entre utilidade e penosidade

Este é o segundo equilíbrio discutido por Chayanov. Utilidade e penosidade também são dois fenômenos incomensuráveis que precisam ser levados a um determinado equilíbrio para que a unidade camponesa funcione. Penosidade se refere aos esforços extras necessários para aumentar a produção total (ou renda total da terra). Penosidade está associada a adversidade, longas jornadas de trabalho, suor debaixo de sol escaldante (sonhando com uma cerveja gelada), madrugar para ir para o trabalho e trabalhar sob condições congelantes ou úmidas. O trabalho agrícola pode muito bem ser vivenciado como uma atividade alegre e recompensadora. No entanto, ele também envolve esforço físico e quando o trabalho a ser realizado aumenta, sua natureza extenuante será sentida com mais intensidade. É isso que a noção analítica de penosidade tenta captar. Utilidade é o oposto de penosidade – os benefícios extras (sejam eles de qualquer natureza) proporcionados pelos aumentos na produção. O ponto central aqui é que a família agricultora busca um equilíbrio entre ambas.

De maneira geral, um crescimento na produção implica aumento da penosidade e diminuição na utilidade. Entretanto, "seria ingenuidade considerar a conexão entre ambas como uma dependência unilateral de uma sobre a outra" (Chayanov, 1966, p.198). Em vez disso, "temos diante de nós dois grupos interligados de fenômenos que constituem um sistema único estabelecendo um equilíbrio entre os componentes de ambos os grupos" (ibid.).

O camponês, "estimulado a trabalhar pelas demandas de sua família, cria *maior energia* à medida que a pressão dessas demandas se intensifica; [...] isso leva a um aumento no bem-estar" (ibid., p.78; grifos no original). Em outras palavras, quando o número de consumidores por trabalhador aumenta, a produção dos trabalhadores tem que ser maior (por exemplo, trabalhando uma maior quantidade de terra por trabalhador, melhorando a qualidade dos recursos e/ou criando mais bens de capital). É nesse ponto que o equilíbrio entre penosidade e utilidade surge como algo estratégico. "A energia criada por um trabalhador em uma unidade familiar é estimulada pelas demandas familiares por consumo" e, por outro lado, "o dispêndio de energia é inibido pela penosidade provocada pelo trabalho em si" (ibid., p.81).

À primeira vista, o equilíbrio entre trabalho e consumo e entre penosidade e utilidade parece ser um só e o mesmo (principalmente se equacionarmos penosidade com trabalho e utilidade com consumo). Embora estejam relacionados, estão longe de serem idênticos; há uma diferença básica. O equilíbrio trabalho-consumo se dá na esfera da família – tem a ver com o número de consumidores em relação ao número de trabalhadores. O equilíbrio entre penosidade e utilidade se dá na esfera do trabalhador individual (e, sobretudo, do chefe da família): "quanto maior a quantidade de trabalho realizada *por um homem* em um determinado período de tempo, a maior penosidade *para o homem* será a última unidade de trabalho marginal gasta" (ibid., grifo nosso).

Essa diferença é estratégica, pois explica como a produção da unidade camponesa pode ser ampliada e o bem-estar da família agricultora pode ser melhorado. Aumentando a penosidade (isto é, trabalhando mais arduamente) o trabalhador pode contribuir individualmente para a formação de capital, que por sua vez possibilitará níveis mais elevados de produção com a força de trabalho disponível (isto é, o produto líquido por trabalhador aumenta). Isso, consequentemente, provoca um aumento nas demandas do consumo familiar a serem supridas.

A Figura 2.1 se baseia na típica representação chayanoviana do equilíbrio entre penosidade e utilidade. As linhas contínuas representam a "utilidade" (que diminui por unidade de produto à medida que cresce o nível total de produção) e a "penosidade" (que aumenta com maior crescimento da produção total). No ponto E1, ambas as linhas estão em equilíbrio. Esse ponto se transforma no nível de produção (P1). Ora, se a utilidade é ampliada para além das necessidades imediatas de consumo da família (por exemplo, para incluir a criação de uma "bela propriedade", ver Box 2.4, p.51), define-se uma nova

Figura 2.1 – Reavaliando o equilíbrio entre penosidade e utilidade

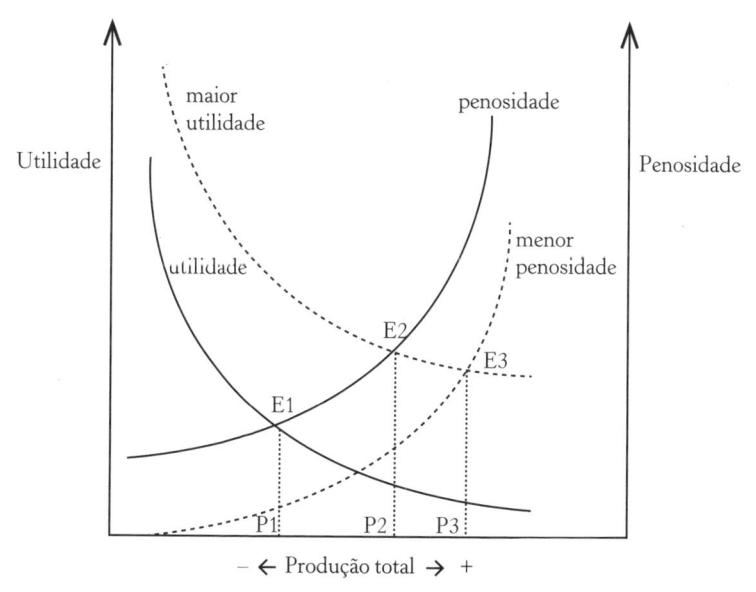

"curva de utilidade", resultando na formação de um novo equilíbrio (E2) e, logo, um novo nível de produção (P2). Isso então permite que a unidade familiar ultrapasse a satisfação das necessidades imediatas de consumo e se envolva na formação de capital (isto é, construindo os ingredientes da "bela propriedade" do futuro). Dessa forma, a aspiração por emancipação se transforma em, e ocorre por meio da, maior produção e melhorias materiais na base de recursos. Isso também pode levar a uma redefinição de penosidade; quando conhecer o ato de produzir batatas também inaugura a possibilidade de trabalhar, em um futuro próximo, segundo um equilíbrio aprimorado, a penosidade será sentida como menos pesada. Assim sendo, surge uma linha de penosidade que define um novo equilíbrio e um nível de produção correspondente. Também é possível que utilidade e penosidade sejam percebidas de forma diferente. Portanto, E3 e P3 se tornam viáveis.

No cotidiano, complexidades como as mostradas na Figura 2.1 são regidas por repertórios culturais (compostos de valores, normas, crenças e experiências compartilhadas, memória coletiva, princípios etc.) que determinam respostas recomendadas a situações específicas. Por exemplo, "um bom agricultor nunca venderá sua melhor vaca". Ainda que a frase soe um pouco solta, no cotidiano do agricultor é uma referência exata à formação de capital, à boa cria que poderá advir dessa "melhor vaca". Afirma implicitamente que a penosidade provocada pelos cuidados com a vaca vale a pena. Isso fica ainda mais nítido se soubermos que tal princípio é acompanhado de outros segundo os quais, por exemplo, "uma boa vaca representa um risco grande demais para um agricultor pobre" (caso o animal morra, o prejuízo seria demasiado). Em suma, as ativas avaliações e reavaliações dos equilíbrios envolvem julgamentos baseados na economia moral (Scott, 1976). A economia moral não é externa à "máquina econômica"; é fundamental para o funcionamento da máquina (ver também Edelman, 2005).

Há ainda diversas implicações relacionadas a esse equilíbrio em particular. Citarei rapidamente duas. Primeiro, pode-se concluir que *a inclinação do campesinato, mediada social e culturalmente, em fazer que a agricultura cresça e prospere* (aceitar a penosidade e se envolver em inúmeros processos de formação de capital), *está no cerne dos processos agrícolas de desenvolvimento e crescimento*. Segundo, a formação de capital não deve ser necessariamente organizada pelo Estado e por meio dele (por meio de uma exploração extremada do campesinato). Pode ocorrer assim como um processo descentralizado que envolva ativamente a população camponesa.

Box 2.4 – Uma expressão atual do equilíbrio entre penosidade e utilidade

A figura abaixo (extraída de Ploeg, 2008) representa um cálculo usado pelos agricultores do norte da Itália produtores do leite usado na fabricação de queijo parmesão. Um cálculo é um conjunto de conceitos e as suas relações mútuas, usado para determinar como a agricultura deve ser organizada. Representa uma lógica particular da agricultura: um jeito específico de perceber, calcular, planejar e organizar o processo de produção. O cálculo particular aqui é usado pelos agricultores que trabalham no estilo camponês. Não se trata de um cálculo histórico que remonte ao passado; é usado pelos agricultores que atualmente cuidam do funcionamento da propriedade (e o fazem com um êxito fora de série).

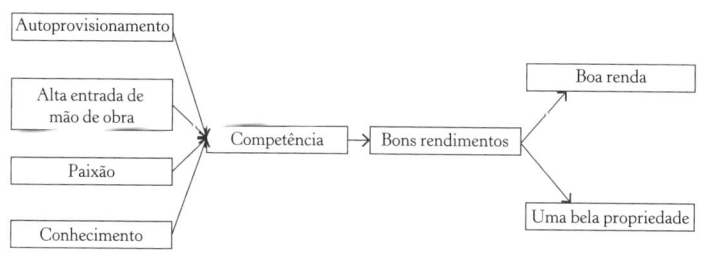

Nessa lógica camponesa, a ideia de *produzione* (bons rendimentos) tem uma posição e relevância centrais. Dentro dela, *produzione* se refere à produção por objeto de trabalho (isto é, por vaca, por unidade de terra). A *produzione* pode ser alta e sustentável, porém como argumentam os camponeses, não deve ser "forçada". Deveria ser a mais alta possível dentro de uma estrutura definida por *cura*: cuidado. É preciso cuidar bem dos animais, das plantas, dos campos – e se o trabalho for realizado com cuidado, a produção por objeto de trabalho será elevada. *Cura* é também uma expressão de habilidade e se refere à qualidade do trabalho. Em termos mais gerais, refere-se à organização dos processos de produção e reprodução de forma a assegurar bons rendimentos e progresso contínuo.

Na visão de mundo dos camponeses italianos (*contadini*), níveis elevados de *produzione* são justificados, pois geram e sustentam rendas (*guadagno*) em curto prazo e, provavelmente ainda mais importante, viabilizam a criação de uma bela propriedade familiar (*la bell'azienda*) em longo prazo. Juntos, definem "utilidade" no sentido chayanoviano.

A *cura* depende de diversas condições. Deve haver *passione* (paixão), *impegno* (dedicação, que também se refere a uma elevada quantidade de entrada de trabalho e trabalho árduo), *professionalità* (conhecimento do trabalho) e, finalmente, deve haver *autosufficienza*: a unidade agrícola deve ser o mais autossuficiente possível. A elevada entrada de trabalho é claramente uma expressão de "penosidade", que pode ser mediada até certo ponto pela *passione* (conforme ilustrado na mudança de "penosidade" para "menor penosidade" na Figura 2.1).

De modo geral, o cálculo demonstra como penosidade e utilidade se inter-relacionam na moderna propriedade produtora de leite. O cálculo mostra ainda que o equilíbrio entre penosidade e utilidade está relacionado aos rendimentos. Retomarei esse ponto no Capítulo 5.

Sobre a "avaliação subjetiva"

No decorrer das décadas, os principais textos de Chayanov foram alvos de muitas críticas oriundas de diversas vertentes. Não tenho espaço aqui (nem pretendo) para discutir ou refutar essas diferentes objeções. Salvo apenas uma exceção: a crítica de que a teoria de

Chayanov sobre a unidade camponesa e sua dinâmica basicamente depende da "avaliação subjetiva", de que não é "materialista".

A avaliação dos diferentes equilíbrios e sua transformação em planejamento organizacional da propriedade é, de fato, subjetiva, na medida em que ocorrem através de deliberações estratégicas e associadas a "cálculos econômicos" (Chayanov, 1966, p.86) do chefe da família agricultora: deliberações extremamente dependentes das relações entre gerações e gêneros. No entanto, a avaliação é também objetiva na medida em que essas mesmas deliberações consideram e refletem intensamente ("por causa da necessidade", ibid., p.87) a realidade material da família agricultora – terra disponível, força de trabalho, necessidades de consumo, necessidade de formação de capital etc. – assim como o panorama estrutural dentro do qual funciona – situação de mercado, possibilidade de envolvimento em ofícios e atividades comerciais, níveis de preço, "a influência da cultura urbana" (ibid., p.84) etc. A avaliação pode até ser quantificada (ibid., p.87). A avaliação subjetiva não implica capricho e/ou desconexão das realidades materiais da vida. Pelo contrário, trata-se de levar em consideração tais realidades materiais, que muitas vezes podem ser adversas. A questão é que essas realidades materiais não impactam automaticamente – elas impactam por meio da observação ativa do agricultor, de sua interpretação e transformação em um curso de ação correspondente. Tudo isso é feito por sujeitos de base que, segundo Long e Long (1992, p.22-23), são equipados com:

> a capacidade de processar a experiência social e criar maneiras de lidar com a vida, mesmo sob as mais extremas formas de coerção. Dentro dos limites da informação, incerteza e outras restrições (ex.: físicas, normativas ou político-econômicas) que existem, [esses] sujeitos sociais são bem informados e capazes.

O próprio Chayanov (1966, p.220) estava ciente das críticas que viriam:

Por causa do uso de [tais] termos [como avaliação subjetiva, dispêndio marginal e equilíbrio],[8] muitos leitores que passam os olhos sobre as minhas fórmulas teóricas podem me enquadrar na escola austríaca e, assim, prestar menos atenção a este estudo.

No entanto, sua linha de demarcação (e defesa) é clara e convincente:

A escola da utilidade marginal [isto é, a escola austríaca] tentou se desenvolver a partir de avaliações subjetivas [...] *todo um* sistema da economia nacional, [o que] foi seu principal erro. Não faço isso. Toda a minha análise [...] é dos *processos dentro das propriedades*. (ibid., grifos no original)

E continua:

Lutei para deixar claro [...] como, *do ponto de vista da economia privada* [hoje diríamos: da perspectiva dos sujeitos envolvidos] a máquina produtora da unidade familiar é organizada, como ela reage aos efeitos particulares dos fatores econômicos gerais pressionando-a, como seu volume é determinado, e como a formação de capital ocorre. (ibid.; grifos no original)

Finalmente, a avaliação subjetiva é objetivamente necessária. Como não há pagamento de salário na unidade camponesa; como não há relação capital-trabalho para estruturar internamente a unidade de produção e consumo; e como os equilíbrios necessários não são impostos de fora unilateralmente, estes precisam ser avaliados internamente, através da avaliação subjetiva dos sujeitos envolvidos. Essa avaliação subjetiva é simplesmente indispensável. Se não houvesse essa avaliação, o resultado seria um conjunto caótico de elementos desarticulados (uma "máquina de produção" funcionando mal). A arte da agricultura só é possível quando sujeitos conhecedores e

---

8 "Esses e outros conceitos [...] são tão incomuns que [...] corro um enorme risco de não encontrar identificação com o leitor russo" (1966, p. 219).

capazes coordenam os diversos equilíbrios implícitos dentro da família e da propriedade de maneira experimentada, testada e orientada para os seus objetivos. Em suma, a avaliação subjetiva é intrínseca à agricultura. Talvez o cálculo marginal associado seja tabu dentro de determinadas correntes teóricas ou entre tendências políticas específicas. Mas e daí? Assim temos de ajustar as teorias ou redefinir a posição política. Não é possível pedir que os camponeses evitem fazer cálculos sofisticados e mantenham o olhar aguçado em seus interesses e perspectivas. Essa atitude equivaleria a convidá-los para serem os bobos de sua própria corte (ver também Shanin, 1986).

Autoexploração

A parte mais malfadada do esquema conceitual desenvolvido por Chayanov é provavelmente o conceito de "autoexploração". Isso criou uma confusão considerável nas décadas subsequentes. O termo foi compreendido como se referindo a um "trabalho torturante realizado por famílias camponesas mal alimentadas destruindo as próprias condições físicas e mentais em troca de uma recompensa abaixo dos salários normais (Shanin, 1986). Em suma, a autoexploração camponesa parecia ser uma combinação da tese de Kautsky sobre baixo consumo (que supostamente explica a persistência do campesinato) com a tese de Lenin sobre a "pilhagem do trabalho". Assim sendo, o atraso econômico parece surgir como uma síntese abrangente: os camponeses são tao estúpidos que exploram a si mesmos até ficarem reduzidos a pele e osso. Trabalham como condenados, mas ainda assim mal conseguem se alimentar.

No entanto, o próprio Chayanov se referia a algo completamente diferente e foi bastante explícito com relação a isso. A "autoexploração" equivale à produtividade do trabalho camponês; é o produto líquido por trabalhador familiar padronizado (Chayanov, 1966, p.70-71 et seq.). Esse "nível de autoexploração" depende de uma gama de fatores. Chayanov discute a fertilidade do solo, a localização da propriedade em relação ao mercado, a atual situação do mercado, relações locais com a terra, a forma organizacional do mercado local, a natureza do comércio e a penetração do capital financeiro. Uma longa lista, de fato, que é seguida pela observação de que todos esses fatores "se encontram fora do campo de nossa presente investigação" (ibid., p.73) – Chayanov se restringe a discutir os fatores internos à família e à unidade camponesa.

O produto líquido por trabalhador depende, claro, da intensidade e extensão do trabalho (ou penosidade), outros custos envolvidos na produção (por exemplo, semente, ferramentas) e da remuneração por esse trabalho (isto é, os preços pagos pelo excedente comercializado). Esses preços e custos dependem, em grande medida, dos fatores externos mencionados anteriormente. E aqui, em minha opinião, está o motivo dessa estranha terminologia vir a causar tanta confusão. O conceito de exploração pressupõe um relacionamento entre duas pessoas: uma gerando um produto excedente e a outra se apropriando desse produto excedente. Gerar um produto excedente e depois recebê-lo de volta simplesmente não faz sentido. A "autoexploração" é um conceito contraditório em si mesmo. Não é possível explorar a si mesmo. Mais uma vez: exploração pressupõe uma relação, sendo impossível no escopo do indivíduo único e isolado. É ainda menos plausível considerando-se que a ideia de autoexploração contraria o cerne do pensamento de Chayanov. Os bens de capital na unidade camponesa não são capital no sentido marxista e não se pode calcular lucro (isto é, valor excedente). Há apenas uma única recompensa à atividade da família, e essa recompensa é, pela própria natureza, ímpar e indivisível.

Na conjuntura pós 1917, a "atual situação de mercado", sua "forma organizacional" e a "natureza do comércio" estavam fortemente influenciadas pelo regime imposto pelo Estado bolchevique. Esse regime explorava intensamente o campesinato russo, em parte com o intuito de financiar a construção da indústria pesada. Baixos níveis de preço, expropriação de partes da safra e alta cobrança de impostos exerciam um papel nesse esquema. Chayanov (1966b) tinha plena consciência de que determinadas ordens econômicas poderiam ser sobrepostas a outras. Neste caso, o sistema bolchevique estava sobrepondo a si mesmo na economia camponesa, a fim de esgotá-lo visando à "acumulação primitiva".

Embora um importante debate sobre as diferentes modalidades de acumulação estivesse acontecendo naquela época (Kay, 2009), provavelmente era perigoso demais discutir explicitamente a "exploração pelo Estado". Portanto, a "autoexploração" se tornou a frase do momento, sugerindo um campesinato que escolheu trabalhar arduamente a fim de ajudar a construir o socialismo de Estado. Na realidade, porém, o termo rapidamente se tornou um slogan do suposto atraso econômico dos camponeses (Kautsky, 1974, p.124 et seq.). A ideia de que os camponeses de fato desejam ser camponeses era inconcebível para Kautsky – assim como a ideia de que "era e é por meio dessa 'autoexploração' que o campesinato obtinha progresso" (Vlastos, 1986, p.158).

3
UMA GAMA MAIS AMPLA DE EQUILÍBRIOS INTERATIVOS

Por um lado, a gama mais ampla de equilíbrios discutidos neste capítulo se relaciona aos dois equilíbrios discutidos exaustivamente por Chayanov e sintetizados no capítulo anterior. Por outro lado, esse conjunto mais amplo de equilíbrios – desenvolvidos dentro da tradição conhecida como abordagem chayanoviana – nos permite lidar melhor, de forma coerente, com os problemas e potenciais enfrentados pela unidade camponesa hoje. O mesmo conjunto de equilíbrios também ajuda a explicar a considerável heterogeneidade que existe entre o campesinato, entre e dentro de países e regiões. Apresentarei os equilíbrios na sequência que a mim parece a mais lógica.

O equilíbrio entre pessoas e natureza

Em seu sentido mais genérico, a agricultura deveria ser compreendida como coprodução, ou seja, o encontro entre o social e o natural (Toledo, 1990). Nesse sentido, a agricultura pode ser vista como a interação contínua e a transformação mútua de pessoas e natureza. A humanidade usa a natureza e, dessa forma, transforma-a. Contudo, usar a natureza (de determinadas formas) também deixa uma marca na própria sociedade. A transformação da natureza requer instituições específicas. Portanto, a coprodução modela e remodela o social tanto quanto o natural. Isso foi lindamente expresso em uma resposta que recebi de um francês produtor de vinho e líder de cooperativa quando lhe perguntei por que se autodenominava "camponês": *"Moi je suis paysan parce que je vive de la terre"*.[1] A resposta ligeiramente reformulada seria "a coprodução faz de mim um camponês").[2]

"Pessoas" e "natureza" são entidades diferentes. No entanto, são combinadas na prática da agricultura, que envolve a construção do devido equilíbrio que precisa atingir diversos objetivos. Ele deve fornecer uma produção suficiente (que permita "viver da terra"). Mas também precisa reproduzir a natureza, preferencialmente enriquecendo-a, aprimorando-a e diversificando-a. Usar e transformar a natureza também implica pessoas capazes de lidar com diversidade, incerteza e caprichos. Aqueles que se envolvem na coprodução precisam enfrentar ciclos de desdobramentos (o desenvolvimento de uma plantação, o crescimento dos bezerros até virarem vacas adultas e, em seguida, vacas leiteiras) e transformar as suas observações retornando-as a esses ciclos, adaptando-as de diversas formas, algumas grandes, outras pequenas. O processo de trabalho é, portanto, organizado de maneira artesanal com o trabalho manual e mental sendo intimamente imbricado. Nesse sentido, a existência de centros externos de comando está fadada a consequências prejudiciais (Sennett, 2008). A agricultura precisa estar sintonizada com as especificidades de tempo e espaço. Em *Agronomia social*, Chayanov (1924, p.12) escreveu, "é impossível trabalhar com projetos". Tudo isso favorece decisivamente a unidade camponesa como modelo organizacional: é a instituição mais apropriada para gerenciar a coprodução. Coprodução

---

1   Trad.: "Sou camponês porque vivo da terra". (N. E.)
2   Isso também foi manifestado, mais genericamente, por Chayanov (1923, p.5) quando afirmou que "a natureza biológica da produção agrícola a distingue da indústria urbana [...] que é o motivo pelo qual o papel dos grandes e pequenos empreendimentos na primeira difere definitivamente do papel da indústria capitalista e unidades artesanais nas cidades". Esse trecho da introdução ficou faltando na edição de Thorner. Mann e Dickinson (1978) posteriormente se aprofundaram sobre esse ponto de vista em particular.

exclui padronização, quantificação completa e planejamento apertado. Portanto, requer a unidade camponesa, já que esta associa o desenvolvimento bem equilibrado da coprodução às aspirações emancipatórias do campesinato. Isso se dá na escala micro da unidade camponesa estabelecendo-se solidamente uma conexão direta entre o desdobramento da coprodução e a melhoria da renda de trabalho da família.

A centralidade da coprodução implica uma série de consequências de grande projeção. Implica, em primeiro lugar, que o desenvolvimento agrícola não pode ser compreendido como o desdobramento mais ou menos perfeito das leis fixas que supostamente devem governar a natureza e a economia. Em vez disso, é o resultado de interações e transformações contínuas que criam repetidas vezes novas constelações, cada uma com suas próprias regularidades e potenciais (ver Capítulo 5). Coprodução significa que a natureza pode ser enriquecida e que novos potenciais podem surgir. As paisagens são formadas e remodeladas por meio de formas particulares de coprodução (Gerritsen, 2002); animais, plantas, brejos, florestas, montanhas e rios são transformados. Quando os diferentes elementos remodelados são recombinados, isso pode criar novas possibilidades produtivas.

Em segundo lugar, a maleabilidade (ou, mais genericamente, a transformabilidade) dos recursos naturais[3] – como campos, gado e a "natureza do campo"[4] – permite que a agricultura se desenvolva endogenamente. O crescimento e o desenvolvimento podem ser produzidos "de dentro", conforme demonstrarei mais detalhadamente no Capítulo 5.

Em terceiro lugar, a coprodução (e a possibilidade de desenvolvimento endógeno) realça as habilidades. Habilidade tem a ver com ser capaz de "ver o panorama maior" – observar, lidar, ajustar e

---

3 Isso significa que as atuais raças de gado, as atuais variedades de plantas e os níveis específicos de fertilidade do solo precisam ser compreendidos como construções sociais. São resultantes de longos e complexos períodos de coevolução. Ver, por exemplo, Sonneveld (2004).

4 Expressão utilizada às vezes por Chayanov. Voltarei a ela posteriormente neste capítulo.

coordenar uma ampla gama de domínios dentro dos universos social e natural e, particularmente, suas interações.

Em quarto lugar, é importante reconhecer que, na agricultura camponesa, o equilíbrio entre pessoas e natureza é essencialmente de reciprocidade (ver Box 3.1).

Por meio da coprodução e coevolução, o social e o natural são continuamente transformados. Chayanov tinha plena consciência disso.

Box 3.1 – Sobre a reciprocidade de homem e natureza

Ao discutirem o modo de se relacionar com o campo, as vacas e as plantações, os camponeses italianos provavelmente usarão a palavra *cura* (ver Box 2.4, p.51). Essa expressão possui fortes associações com ofício e competência, mas também se refere a "cuidado", como o verbo (*curare*) se refere a cuidar. Trata, essencialmente, de reciprocidade (ver Sabourin, 2006). Apenas quando o ato de cuidar for central para o trabalho é que a terra, os animais e/ou as plantações gerarão bons rendimentos. A atitude de cuidar nada tem a ver com uma atividade instrumental. Pressupõe, dentro do discurso dos camponeses italianos, a presença de paixão, comprometimento e conhecimento sobre os objetos de trabalho. Finalmente, há a necessidade de autoprovisionamento: os recursos usados no processo de produção devem ser de propriedade da própria família agricultora. Devem-se evitar relações próximas de dependência com os mercados no lado dos insumos da propriedade, porque elas trariam a "lógica de mercado" para o âmago da unidade. Isso ameaçaria, ou talvez excluiria, trabalhar com *cura*. O conceito de *cura* define, e simultaneamente reflete, uma relação recíproca entre o agricultor e seus objetos de trabalho. Tal relação definitivamente não é mercadológica. Tem a ver com dar e receber. Tem a ver, como tinha, com donativos que são trocados. O agricultor alimenta e cuida do bezerro, providencia seu abrigo e lhe oferece a oportunidade de crescer até se tornar uma boa vaca leiteira, então ele a alimentará, provavelmente com uma dieta cuidadosamente adaptada às suas necessidades individuais. Em troca, a vaca oferecerá ao agricultor novos, e se tudo der certo, promissores bezerros, e um rico fornecimento de leite que poderá se prolongar durante muitos anos. Como Victor Toledo (1990) colocaria, é uma troca isenta de mercadorias entre agricultor e natureza.

Esse tipo de relação é intrínseco a muitos sistemas agrícolas do mundo. Segundo van Kessel (1990, p.78), antropólogo que trabalhou durante muitas décadas na região andina, essa reciprocidade é fortalecida por "conotações metafóricas" que implicam um tipo de personificação: terra, plantações, lagos, poços, mas também a luz, a chuva, a geada e outros fenômenos meteorológicos são observados e compreendidos como seres vivos que oferecem todos os tipos de sinais. Nesse contexto, seria quase óbvio afirmar que, por exemplo, "esse pedaço de terra é grato" (por todo cuidado recebido) e que consequentemente "ela (terra é quase exclusivamente feminina) é generosa" (isto é, disposta a retribuir). O uso do subjuntivo também é notável. Ao falarem para (ou sobre) os objetos do trabalho, os agricultores andinos não se referem ao mundo como ele é (um mundo oferecido de forma definitiva e governado por relações mecanicistas de causa e efeito) como seria o caso quando se usa o modo indicativo. Em vez disso, o subjuntivo se refere a possibilidades, realidades em evolução e expectativas. Reflete intuições. Isso não significa que os camponeses andinos sejam sonhadores – pelo contrário: "as normas das operações técnicas no campo são dedicação [*compromiso*], compreensão [*compresión*] e afeto [*cariño*]" (Kessel, 1990, p.92). Esses conceitos coincidem intensamente com as ideias italianas discutidas anteriormente, como o ditado frísio *"as jo lân hâlde wolle dan moat it sines ha"* ("se quiser ficar na terra, dê a ela o que ela precisa") ecoa a mesma relação de dar e receber (Ploeg, 2003, p.94). Essas semelhanças não são meras coincidências. São fincadas na relação recíproca entre pessoas e terra e, portanto, surgem em todo lugar em que existe a prática da agricultura camponesa. Como diz o provérbio chinês: "quando se trabalha arduamente, a terra não tem preguiça" (Arkush, 1984).

Na segunda parte da obra *Economy of Labour*, ele ressalta que

A economia camponesa de 1917 não é mais a de 1905. A própria economia camponesa mudou profundamente: os campos são arados de outra forma e o gado é criado de outro jeito. Os camponeses vendem mais e também compram muito mais. A cooperação foi consideravelmente ampliada em nosso campo e, dessa forma, mudou profundamente a sua *natureza*. Os próprios camponeses [progrediram] bastante e ficaram mais civilizados. (Chayanov, 1988, p.136, grifo nosso)

Chayanov não entrou em detalhes sobre esse equilíbrio. Isso é bastante compreensível. Como discutido anteriormente, ao final do século XIX e início do XX mal havia escassez de terra na Rússia, e as transferências de terra eram comuns por causa da redivisão de terras comunais e arrendamento generalizado. Isso significava que um maior crescimento poderia ser alcançado simplesmente disseminando os padrões existentes de uso da terra por áreas maiores. Havia menos necessidade de intensificar a agricultura (e se havia alguma intensificação, era sobretudo por meio de mudanças nos sistemas de produção). Em processos de intensificação impulsionados pelo trabalho, os recursos são continuamente aprimorados, sincronizando o modo como são usados e combinados, em uma constante busca pelo progresso contínuo. Portanto, a interação entre pessoas e natureza está sempre sendo reconstruída. As mudanças de um nível de intensidade para o seguinte ressaltam que as práticas agrícolas são socialmente construídas e frisam a contínua transformação dos ajustes sociais e dos padrões ecológicos – algumas vezes de formas lentas e dificilmente notadas, outras vezes de forma abrupta. É digno de nota, nesse sentido, que chayanovianos como Vries (1931) e Timmer (1949), que trabalharam na Indonésia e na Holanda, tenham dado considerável atenção a esse equilíbrio em particular. O que mal era visível na Rússia era extremamente óbvio nos locais onde funcionavam.

O equilíbrio entre pessoas e natureza é o primeiro que precisa ser considerado em qualquer análise da agricultura contemporânea.

Isso por causa das diversas desconexões criadas entre agricultura e ecologia que resultaram na escalada de uma crise ambiental. Alcançar o equilíbrio correto entre o social e o natural é uma crescente preocupação em todas as práticas agrícolas. Há casos em que a agricultura se distancia da natureza, em outros, ela se reestrutura nela. Jozef Visser (2010) documentou um importante episódio logo após o término da II Guerra Mundial, quando o maquinário de guerra foi transformado para ser usado para outros fins. Assim sendo, as fábricas de munição foram transformadas em fábricas para produção de fertilizantes químicos (algo relativamente fácil porque ambas se baseiam no processo Haber-Bosch). As linhas de produção de veículos blindados foram equipadas para a fabricação de tratores. Grande parte da legislação repressora que havia subordinado a agricultura às necessidades bélicas se manteve ativa, em ambos os lados da linha de separação dos combatentes. A assistência Marshall foi usada para oferecer às ciências agrárias uma nova agenda que refletisse a "agricultura empreendedora" desenvolvida nos EUA, que era quase totalmente diferente da agricultura camponesa dominante na Europa. A biologia do solo e o foco na manutenção de solos ricos em vida biológica que pudessem fornecer nitrogênio naturalmente desapareceram da agenda, sendo substituídos pela química do solo. E, finalmente, a "ciência" da logística, que registrou um significativo desenvolvimento durante a guerra, foi aplicada a partir de meados dos anos 1950 para planejar e efetivar a chamada modernização da agricultura europeia – uma campanha repetida em grandes partes da Ásia e América Latina por meio da Revolução Verde.

A modernização e a Revolução Verde representaram uma importante ruptura da agricultura como a coprodução de pessoas e natureza. Os fertilizantes químicos tomaram o lugar da biologia do solo, adubo e conhecimento dos camponeses. Os conglomerados industriais substituíram os campos, pastos, capim e feno. O acasalamento natural desapareceu, enquanto a inseminação artificial e, mais tarde, as transferências de embrião e a seleção computadorizada do melhor macho reprodutor começaram a dominar. A luz elétrica substituiu a luz solar em grande parte da horticultura de hoje, enquanto

66   JAN DOUWE VAN DER PLOEG

nos celeiros das galinhas, um período de 24 horas hoje em dia possui duas noites e dois dias para acelerar o crescimento das aves. A energia solar se tornou menos importante e foi cada vez mais deslocada pela energia fóssil. Tudo isso indica uma queda no papel da natureza, sem contar se considerarmos a reengenharia daquilo que sobra da natureza por meio, por exemplo, de modificação genética. Contudo, outras medidas ainda são possíveis. Por exemplo, a produção de leite como empreendimento em larga escala nos EUA está atualmente "reconstruindo" a natureza de forma notável. Os veterinários que trabalham para essas grandes "fábricas de leite" removem sistematicamente o útero das vacas após o primeiro rebento. Isso é feito com o objetivo de padronizar os ciclos hormonais que, do contrário, flutuariam demasiadamente quando as vacas são expostas ao calor, dão cria e começam e terminam os ciclos de lactação. Tais flutuações exigem ajustes frequentes ao regime de alimentação, que estão em desacordo com o gerenciamento padronizado de grandes rebanhos nos empreendimentos agrícolas capitalistas. Então em vez disso, os úteros são retirados, os animais recebem injeções frequentes de hormônio BST para que continuem produzindo leite e, em geral, sucumbem após cerca de mil dias de produção. O *animale tecnologico*, segundo a denominação dada por meu antigo colega italiano Ballarini (1983), está se tornando uma nova realidade que vai de encontro com a natureza e a ética da sociedade (e portanto é mantida muito bem escondida). Clonagem, fertilização *in vitro* e engenharia alimentar são outros exemplos de submissão da natureza às exigências e interesses da agricultura de larga escala e dos empreendimentos de produção de alimentos.

Existem muitos outros movimentos que chegam na contramão dessa tendência.[5] Podemos citar a agricultura orgânica, agricultura com baixo nível de insumos externos (Adey, 2007), a prática da agricultura de forma econômica (Ploeg, 2000; Kinsella; Bogue; Mannion, 2002; Dominguez García, 2007; Paredes, 2010) e inúmeros

---

5   O poder social e intelectual desses movimentos é explicitamente reconhecido na Avaliação Internacional do Conhecimento, da Ciência e da Tecnologia no Desenvolvimento Agrícola (IAASTD, 2009).

movimentos agroecológicos (Rosset; Martinez-Torres, 2012). Todos propõem uma ampla remodelação de volta à coprodução. Em todas essas abordagens, a natureza exerce um papel central e coorganizacional. Dessa forma, os movimentos de contraposição estão ajudando a tornar o estilo da agricultura mais camponês. Simultaneamente, estão ajudando a redirecionar grande parte da agronomia para a "agronomia social" proposta por Chayanov.

O equilíbrio entre produção e reprodução

A agricultura não é um processo extrativo (embora circunstâncias adversas possam forçá-la nessa direção). Agricultura envolve produção e reprodução. Ela se baseia na constante reprodução dos recursos que utiliza. Essa reprodução não só engloba a "natureza", como vimos na seção anterior, mas diz respeito a todos os recursos, todos os elementos necessários para fazer a agricultura funcionar de maneira harmoniosa. Chayanov costumava se referir à reprodução como "renovação de capital". Assim sendo, Chayanov (1966, p.120) ressalta que

é óbvio que a unidade familiar administrada pelo camponês [...] tende, por fim, a satisfazer as suas demandas na mais completa extensão possível e assegurar mais estabilidade da propriedade por um processo de renovação de capital com o menor dispêndio de energia.

O desenvolvimento histórico do equilíbrio entre produção e reprodução é exaustivamente discutido por Anne Lacroix (1981). Em uma primeira etapa, o ecossistema circundante era usado para renovar os recursos. A agricultura de corte e queima é um exemplo típico: quando se esgota um campo, ele é abandonado e um novo campo é tomado da natureza.[6] Instrumentos e objetos de trabalho (ver

---

6 O historiador agrário italiano Emilio Sereni, em *Terra nuova e buoi rossi*, descreveu magistralmente esse processo com uma associação ao *buoi rossi* [boi vermelho]: uma metáfora para a queima controlada de partes da floresta.

Box 5.1, p.113) são derivados do ecossistema circundante, enquanto a força de trabalho disponível carrega consigo o conhecimento sobre como utilizar tal ecossistema.

Em um segundo período histórico, a reprodução muda para a própria unidade. Torna-se parte integrante da agricultura: os campos são eficazmente fertilizados, as variedades de plantas selecionadas, o gado aprimorado e os animais, plantações e campos recém-construídos se tornam símbolos de orgulho da relativa autonomia que permite aos camponeses ir além dos limites muitas vezes rígidos dos ecossistemas locais.

Em um terceiro período, o atual, a reprodução mais uma vez se distancia da propriedade. É levado para as agroindústrias que cada vez mais produzem e entregam os objetos de trabalho, instrumentos e manuais a serem seguidos pela força de trabalho (Benvenuti, 1982; Benvenuti et al., 1988). Nessa nova constelação, não é mais a comunidade camponesa que imprime seu "código" nos objetos e instrumentos (como acontecia no segundo período) – agora é a agroindústria que imprime um código específico, muitas vezes cientificamente projetado, nos mais diversos artefatos necessários na propriedade. Podem existir diferenças consideráveis entre ambos os códigos. O código que os agricultores frísios imprimiam nas vacas leiteiras inclui a centralidade da fibra produzida na propriedade (capim, feno, silagem) para alimentar as vacas. O código do gado de Holstein, um dos principais "artefatos" das poderosas instituições de reprodução que controlam o comércio de sêmen e, mais recentemente, de embriões, em geral reflete o oposto, isto é, a centralidade de concentrados industriais. Assim, a dependência se torna uma característica inerente.

O equilíbrio entre produção e reprodução é facilmente desestabilizado. Um desequilíbrio pode ser induzido por fatores externos, porém os perigos também podem advir de fatores internos. Estes têm mais chances de ocorrer quando os camponeses estão em busca de vantagens de curto prazo. Foi o que aconteceu na produção frísia de leite na primeira metade do século XIX. Naquela época, os preços da manteiga eram tão altos que os camponeses usaram todas as pastagens para ordenhar as vacas em período de lactação, a fim de obter a maior quantidade possível de leite para a fabricação de manteiga. Bezerros e novilhos ficavam restritos à periferia da propriedade para umidificar pedaços de terra com biomassa em pouca quantidade e baixa qualidade. Eram mal cuidados. Em suma, a reprodução foi negligenciada e a produção dominou. Dentro de duas décadas o resultado não deixou dúvidas: a qualidade da raça foi arruinada. Os animais ficaram muito menores e os rendimentos da produção de leite, consideravelmente menores. Essa dolorosa lição se tornou um ingrediente fundamental da memória coletiva: "um bom agricultor não é um comerciante" (o que significa que construir e reproduzir uma base de recursos de alta qualidade sempre vem em primeiro lugar).

Mais comum, porém, é a combinação de pressões externas e estímulos internos que gera um desequilíbrio. Um exemplo atual é a degradação dos lindos campos tropicais arados e preparados para o cultivo de arroz (ver Box 2.1, p.34), primeiro em Basse Casamance, no Senegal, e mais recentemente em Guiné Bissau. Preços baixos de arroz (principalmente por causa das importações baratas, subsídios do governo extremamente desequilibrados e custos ambientais não identificados) reduziram consideravelmente a renda potencial do cultivo de arroz. Isso, aliado às tentações das cidades (e imigração internacional), faz que muitos jovens deixem os vilarejos. Portanto, a manutenção dos campos (em geral realizada no período de seca) chegou a ser quase totalmente interrompida. Isso resultou no declínio dos rendimentos e da produção e, por fim, no potencial abandono total das *bolanhas* tão produtivas no passado. Há ainda casos em que fatores externos dominaram, sobretudo na América Latina. Um dos exemplos são as políticas de crédito dos bancos agrários, que concediam crédito para atividades produtivas (ainda que não fosse suficiente, na maioria dos casos), porém se abstinham de oferecer qualquer tipo de auxílio às atividades reprodutivas (como a manutenção de cercas) baseados no argumento de que essas atividades são "improdutivas". Ainda que verdadeira, essa visão é extremamente limitada e demonstra pouco entendimento quanto à importância de manter o equilíbrio entre produção e reprodução.

O equilíbrio entre recursos internos e externos

Paralelamente aos recursos produzidos e reproduzidos na própria terra (os recursos internos), toda unidade, qualquer que seja a localização, também necessita de recursos externos. Seria impossível imaginar as propriedades funcionando sem eles. No entanto, a natureza desses recursos, a sua origem e, principalmente, o modo como são adquiridos e os efeitos do método de aquisição podem ter consequências de enorme alcance.

Há uma considerável permutabilidade entre muitos recursos internos e externos. As vacas podem se reproduzir na própria unidade (bezerros selecionados são criados até a idade adulta que, após a primeira cria, podem substituir uma vaca leiteira mais velha); também podem ser compradas no mercado de gado. A propriedade pode ter o seu próprio macho reprodutor (provavelmente compartilhado com os vizinhos), porém o sêmen necessário também pode ser comprado em um posto de inseminação artificial.

O que se aplica ao gado também se aplica à sua alimentação. Feno, capim, silagem e grãos ricos em proteína, adicionados à ração, podem ser produzidos na unidade; porém, fibras e concentrados também podem ser adquiridos no mercado. Os fertilizantes podem ser comprados ou produzidos na própria unidade (exemplos de fertilizantes produzidos dentro da terra incluem adubo de "boa qualidade" e fixação de nitrogênio por meio de trevo ou alfafa). O trabalho pode ser mobilizado pelo mercado, mas também fornecido pela família e/ou comunidade local. O "capital" pode ser produzido na própria unidade (por meio da formação de capital, mas também na forma de economias); também pode ser obtido no mercado de capitais. O mesmo se aplica, até certo ponto, ao maquinário. Pode ser mobilizado por diferentes mecanismos que medeiam o impacto do mercado de maneiras contrastantes (ver Box 2.2, p.38). "Fazer ou comprar" se tornou, ao longo do século XX, a questão central de onde se originou a economia neoinstitucional. Poderíamos dizer que a agricultura camponesa é uma cartilha ilustrada quase perfeita da economia neoinstitucional, (Saccomandi, 1998; Ventura,

2001; Milone, 2004),[7] pois o equilíbrio entre recursos internos e externos se resume à escolha entre "fazer" ou "comprar".

A Figura 3.1 resume a permutabilidade técnica dos recursos internos e externos. Ilustra também os fluxos associados (Georgescu-Roegen, 1982; Dannequin; Diemer, 2000). Primeiro, a Figura 3.1 mostra que a agricultura é um processo de conversão: recursos são convertidos em produtos úteis. O processo de conversão se baseia em uma dupla mobilização de recursos. Alguns dos recursos são produzidos e reproduzidos dentro da unidade, outros são adquiridos nos mercados. O processo de produção, por sua vez, gera três fluxos: um excedente comercializável que é vendido nos mercados, uma parte que é reutilizada na propriedade e as inevitáveis, ainda que altamente variáveis, perdas e emissões. A isso podemos acrescentar que a geração combinada e simultânea de produtos a serem vendidos nos mercados e os produtos a serem reutilizados se devem, em parte, à materialidade da natureza: ao produzir batatas, também haverá mudas de batatas. Ao produzir leite, haverá um bezerro (a menos que o útero do animal seja retirado). Contudo, claro que as mudas podem ser ingeridas em tempos de necessidade (ou as mudas de "variedades melhoradas" podem ser compradas para substituir as disponíveis). O bezerro também pode ser vendido depois para comprar uma vaca de outra raça. O importante é que existe espaço para manobras que permitem diferentes escolhas. Se o fluxo superior esquerdo domina

---

7   Na estrutura neoinstitucional, "comprar" envolve custos de transação – custos além do preço do produto adquirido. Por exemplo, digamos que você compre feno por um determinado preço. Contudo, se desconhecer a procedência desse feno (poderia vir de uma vinícola onde foi borrifado um enorme volume de agrotóxicos), pode estar diante de todos os tipos de riscos (vacas intoxicadas, por exemplo). Esse risco e/ou o custo para obter informações sobre a origem e a qualidade do produto ou serviço é denominado custo de transação. Do ponto de vista neoclássico não existem diferenças significativas entre a situação de autoprovisionamento construído ativamente (isto é, reprodução relativamente autônoma e historicamente assegurada) e o cenário caracterizado pela alta dependência do mercado. Para um neoclássico, a escolha apenas envolve calcular os preços de mercado. Trata-se de uma posição diametralmente oposta à de Chayanov (e à posição dos economistas institucionais).

o inferior esquerdo (o autoprovisionamento de recursos necessários), então as relações de mercadoria penetram no cerne do processo agrícola. Isso leva a unidade a se tornar dependente do mercado (sobretudo no lado que indica para cima) e a se estruturar como um empreendimento empresarial. Se, no entanto, o fluxo inferior for o modo dominante de aquisição de recursos, haverá uma relativa autonomia e a agricultura tenderá a ser estruturada como agricultura camponesa. Na agricultura camponesa o mercado é, acima de tudo, um varejo (no lado que indica para baixo), enquanto as agriculturas empresarial e corporativa são essencialmente organizadas pelos mercados e precisam seguir sua lógica.

Figura 3.1 – Os fluxos envolvidos na agricultura

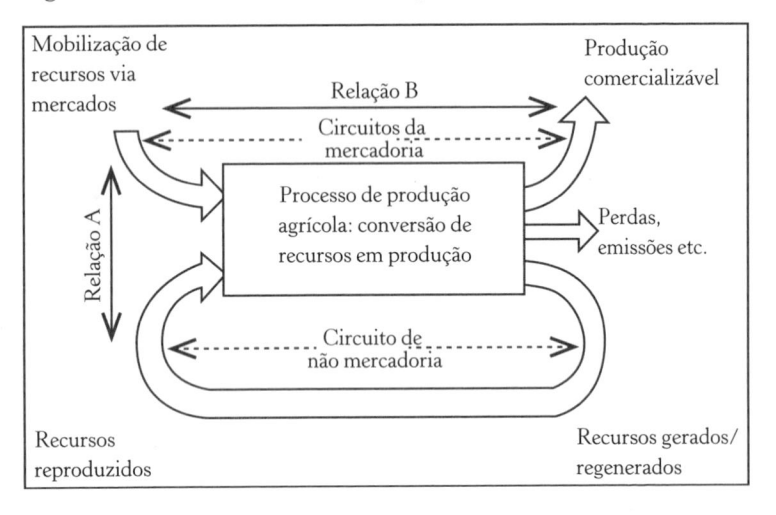

O uso de recursos externos traz oportunidades, mas também muitas vezes possui consequências extremamente desvirtuantes. Isso implica a necessidade de definir e construir repetidamente um equilíbrio específico e bem elaborado entre recursos internos e externos. Apoiar-se em recursos externos pode ajudar a reduzir consideravelmente a penosidade enfrentada pela família agricultora. No entanto, uma unidade extremamente dependente de mercados a montante pode potencialmente ser devorada por esses mercados. Avaliar o equilíbrio correto[8] também ajuda a criar uma autonomia relativa: uma posição que viabiliza estilos de agricultura alinhados aos interesses e perspectivas das famílias agricultoras (ver a seção seguinte).

Essa autonomia relativa ou, de outro lado, dependência de mercado pode ser mensurada como o "grau de mercantilização". Existem diversas formas de abordar essa questão. A Figura 3.1 ilustra duas operacionalizações possíveis: "razão a" e "razão b": esta (idêntica aos rendimentos de trabalho conforme definido por Chayanov) foi usada no decorrer da história agrária da Holanda pelos próprios camponeses como a "parte limpa" (Ploeg, 2003). Parece ser um parâmetro praticamente universal: os camponeses chineses do século XXI também fazem cálculos usando um conceito idêntico, porém expresso de outra forma (Zhao; Ploeg, 2009).

Chayanov (1966, p.120-121) atribuiu importância estratégica ao grau de mercantilização:

> Entre as [diversas] diferenças no planejamento organizacional da propriedade, a mais básica, que determina todo o perfil da estrutura da unidade é o grau em que a propriedade está conectada ao mercado – o desenvolvimento da produção de mercadorias dentro dele.

Ele se limitou a analisar o lado da produção das unidades camponesas; algumas vendiam a maior parte da produção para os mercados,

---

8   Aqui, mais uma vez, o repertório cultural (ou economia moral) é crucial, principalmente os efeitos de valores mais genéricos na contenção do oportunismo do mercado. Hobsbawm, em *A era dos extremos*, refere-se aos "motivos fundamentais do comportamento humano" como o "hábito do trabalho". Segundo ele, "o sistema capitalista, mesmo quando embasado nas operações do mercado, apoiou-se em diversas tendências que não tinham nenhuma conexão intrínseca com aquela busca da vantagem individual, que [...] abastecia seu motor" (ibid.). Além do hábito do trabalho, essas tendências incluíam "a disponibilidade dos seres humanos de adiarem a gratificação imediata por um longo período, isto é, economizar e investir para futuras recompensas, orgulho das conquistas, hábitos de confiança mútua e outras atitudes que não eram implícitas na maximização racional dos [lucros]" (ibid.). Hobsbawm argumenta que, ao mesmo tempo que o capitalismo se escora parcialmente nesses valores, ele também os destrói.

em outras, a maioria da produção era destinada ao consumo próprio e somente uma pequena parte era comercializada (Chayanov, 1966, p.121-2 et seq.). Chayanov (ibid., p.258-263) não abordou as variações na dependência do mercado do lado da produção, isto é, a montante das unidades individualmente, embora ele tivesse plena consciência da gradual subserviência da agricultura aos circuitos industriais, comerciais e bancários mais amplos que começaram a tomar forma no início do século XX.

Como ressaltado no capítulo anterior, a renda do trabalho é, dentro da análise chayanoviana, a fonte central de renda dentro da agricultura camponesa. Na realidade é, como vimos, "a única categoria possível de renda". Aqui é importante ressaltar que esse produto do trabalho é definido por dois conjuntos de transações. São eles, primeiramente, todas as transações do lado da produção da unidade. Juntas definem o produto bruto. Observe que esse produto bruto não é idêntico à produção total, pois parte da produção pode ser usada na própria unidade familiar. Esta parte final é ilustrada na Figura 3.1 como o fluxo de recursos regenerados/reproduzidos. O segundo conjunto de transações está localizado do lado dos insumos da unidade e abrange todas as despesas monetárias incorridas (todo "dispêndio material", como Chayanov denominou). Assim sendo, o produto do trabalho é igual ao produto bruto menos todas as despesas monetárias (na Figura 3.1, a produção comercializável menos os recursos mobilizados nos mercados).

Um agricultor precisa equilibrar esses dois conjuntos de transações de uma forma que resultará em um produto de trabalho aceitável. Uma possibilidade é reduzir ao máximo possível as despesas relacionadas ao fornecimento de recursos externos. Isso pode ser feito desenvolvendo e utilizando os recursos internos para substituir os externos, a abordagem predileta dos movimentos agroecológicos. Trata-se de um movimento que combate a tendência em longo prazo já observada por Chayanov à sua época. Durante os últimos sessenta anos, em particular, houve um aumento significativo na dependência das unidades em relação aos recursos externos. Ironicamente, essa mesma tendência (e suas consequências) revitalizou a antiga sabedoria camponesa segundo a qual quanto mais independente você for dos mercados no lado a montante da agricultura, melhor o seu posicionamento com relação aos mercados do lado a jusante. Portanto, no decorrer dos processos de mercantilização em curso, nós também testemunhamos cada vez mais processos de (relativa) desmercantilização.

O equilíbrio entre autonomia e dependência

Ao avaliar o impacto do equilíbrio entre autonomia e dependência, é preciso levar em consideração "as instituições sociais que cercam a produção e a distribuição de riquezas" (Little, 1989, p.118). Enquanto a economia agrícola é, sem dúvida, "um sistema organizado de relações sociais e tomada de decisões independentes" (ibid., p.117), ela ao mesmo tempo está, através das relações de dependência em que está inserida, sujeita à extração de excedente. É aqui que "as relações de classe e as particularidades de um sistema existente da extração de excedente" entram na análise, como Little (1989, p.118) convincentemente argumenta. Para ilustrar o seu ponto de vista, Little cita Victor Lippit (1987), que aplicou uma estrutura de extração de excedente para analisar a economia rural tradicional chinesa. Lippit demonstra que a economia agrária tradicional possui um excedente mensurável e que a elite rural efetivamente extraiu esse excedente dos camponeses e artesãos. "Os mecanismos de extração eram diferentes – aluguel, juros, taxação e práticas corruptas de tributação –, mas o efeito era o mesmo: fazer a transferência de 25 a 30% de toda a produção rural dos produtores imediatos para uma pequena elite" (Lippit, 1987, p.120). Isso criou uma estagnação persistente; os camponeses eram desprovidos dos meios para investir e, assim, fazer a propriedade progredir, enquanto a elite rural desperdiçava o excedente extraído em consumo de luxo. Dessa forma, como conclui Little (1989, p.118), "o modelo de extração de excedente [...] nos direciona a considerar o sistema pelo qual diversos elementos da classe de elite podem tomar parte do excedente criado por meio da atividade

econômica produtiva. Como e por quem esse excedente é criado?".
Associada a isso, a direção do desenvolvimento agrícola "depende
fortemente de incentivos, oportunidades e poderes conferidos às partes da classe pelo sistema de classes; as relações de classe, assim sendo,
impõem uma lógica de desenvolvimento ao sistema" (ibid.). Aqui
vemos claramente que a abordagem chayanoviana não exclui a análise de classe (como às vezes se supõe). A análise político-econômica
(incluindo a análise de classe) passa a fazer parte assim que analisa-
mos o funcionamento das unidades de produção camponesas dentro
do contexto em que estão localizadas. O mesmo acontece quando a
análise começa no nível macro, por exemplo, quando perguntamos
como uma determinada formação político-econômica afeta o desenvolvimento rural. Então uma compreensão chayanoviana da unidade
camponesa precisa ser incluída na análise porque os efeitos de uma
formação político-econômica específica são mediados por produtores
diretos que tentam avaliar os importantes equilíbrios dentro de suas
unidades de produção de acordo com os parâmetros vigentes.

Se os dois lados da equação forem levados em consideração, é
possível definir a condição camponesa como uma luta por autonomia
e melhores rendas dentro de um contexto que imponha dependência
e privação. O contexto pode ser analisado com o modelo de extração
de excedentes; as ações tomadas para responder a esse contexto são
mais bem compreendidas pela abordagem chayanoviana. Na análise
concreta, uma assume a outra e vice-versa.

Isso é belamente ilustrado na obra seminal do historiador agrário
Slicher van Bath, que coloca o conceito de "liberdade dos agricultores" no centro do debate. Esse conceito contém dois componentes:
a "liberdade de" e a "liberdade para". O primeiro pode ser identificado pela análise político-econômica, o segundo ainda especificado
por um tipo de análise chayanoviana. "Abatidos pelo ônus de
algumas despesas e obrigações [os camponeses do passado] ficavam
limitados em suas ações" (Slicher van Bath, 1978, p.72). Não con-
seguiam ficar livres *de* muitas relações de dependência e cobranças,
despesas e impostos associados etc. Portanto, a "parte limpa" (ver
acima) era limitada e isso cerceava a liberdade *para* desenvolver a

unidade de acordo com os próprios interesses e perspectivas: quanto menor a liberdade de, mais restrita a liberdade para. Slicher van Bath (ibid., p.80) observa que essa dupla liberdade "é determinada por diversos fatores que, por sua vez, são o efeito das circunstâncias históricas". Ele também mostra que "as liberdades não são estagnadas em nenhuma parte, são sujeitas em toda parte à evolução e digressão histórica" (ibid.).

Nesse mesmo sentido, o longo estudo de Ernst Langthaler sobre a agricultura austríaca, abrangendo o período de 1930-1990, levou-o à conclusão de que "quanto maior a subordinação à hegemonia dos ganhos de mercado de produto e fator, mais a diferenciação de classe entre acumulação e proletarização surte efeito; o contrário também procede, quanto mais a base de recursos autocontrolados da propriedade é fortalecida, mais os membros da família conseguem lidar com condições desfavoráveis do sistema político-econômico em seus universos" (Langthaler, 2012, p.400). E ele acrescenta: "o sistema agrícola familiar resiliente em ambientes burocráticos e capitalistas lembra um *Stehaufmännchen* [um boneco tipo joão-bobo que sempre retorna à posição vertical quando empurrado para baixo]; metaforicamente, *"as unidades familiares cambaleiam, mas não caem"* (ibid.; grifos no original). Elas continuam (re)estabelecendo os diferentes equilíbrios a fim de estabilizar, de tempos em tempos, o equilíbrio necessário.

O equilíbrio entre escala e intensidade (e o surgimento de estilos de agricultura)

Na organização concreta da propriedade há ainda outro equilíbrio que precisa ser cuidadosamente avaliado. Trata-se do equilíbrio entre escala e intensidade. Escala diz respeito ao número de objetos de trabalho (unidades de terra, animais etc.) por unidade de força de trabalho. Intensidade se refere à produção por objeto de trabalho (para obter mais detalhes, ver Box 5.1, p.113). Em uma comparação internacional, Hayami e Ruttan (1985) argumentam que existem duas formas contrastantes de aumentar os rendimentos na agricultura. São elas a intensificação e a ampliação da escala (embora, é claro, todos os tipos de combinações e posições intermediárias sejam possíveis).

É importante neste ponto retornar por um momento à ideia de coprodução. Isso implica, entre outras coisas, que a agricultura é maleável. Pode ser organizada de maneiras diferentes e contrastantes. Isso é importante, pois permite que o "planejamento organizacional da unidade camponesa" (Chayanov, 1966, p.118-94) seja definido de acordo com as necessidades, os interesses e as perspectivas da família agricultora. Essa "definição" se dá através da sincronia dos diferentes equilíbrios.

Intensidade e escala definem um espaço bidimensional (ver Figura 3.2) dentro do qual posições distintas, isto é, diferentes estilos de agricultura, podem ser identificados. Dentro de áreas com condições ecológicas, econômicas e institucionais semelhantes, é quase sempre possível encontrar uma série de estilos diferentes (ou máquinas sincronizadas de modo diferente, para seguir a terminologia de Chayanov). Algumas delas são descritas a seguir.

O estilo de agricultura praticada de maneira econômica se caracteriza por uma escala relativamente baixa e uma intensidade relativamente baixa. Segundo o modelo Hayami/Ruttan, isso implica pobreza. Contudo, esse não é necessariamente o caso. Na verdade, esse estilo, que se baseia nas reduções de custo, realça uma omissão teórica no modelo de Hayami e Ruttan: não inclui custos. Os equilíbrios nesse estilo são definidos de modo que os gastos em recursos externos são minimizados, enquanto prioriza-se a coprodução. Isso reduz a dependência e aumenta a autonomia. Ao mesmo tempo, os custos financeiros (relacionados ao crescimento) são minimizados. Assim sendo, os custos totais são baixos e a renda de trabalho é alta (também quando expressos em termos relativos, como, por exemplo, a renda de trabalho por cem quilos de leite). Em condições de crise esse estilo se revela altamente resiliente.

O objetivo central da agricultura realizada intensivamente são rendimentos elevados (a "boa vaca" é um símbolo típico aqui). No estilo de agricultura com economia de mão de obra (simbolizado pelo "trator potente"), o objetivo é ter o maior número possível de objetos

Figura 3.2 – Estilos de agricultura

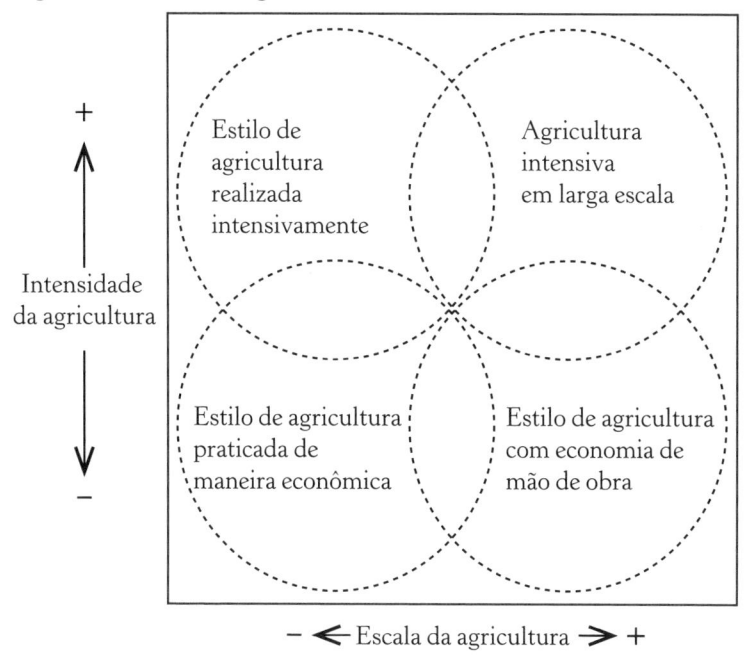

de trabalho e minimizar o insumo de mão de obra. Juntos, ambos os estilos normalmente compõem a questão discutida acaloradamente da "relação inversa" entre produtividade e tamanho da unidade. Houve um tempo em que essa era de fato a inter-relação dominante. Essa relação ainda é identificável hoje em dia, mas não é mais a única. Além do estilo de agricultura realizada economicamente, outro estilo surgiu, ou seja, o estilo de agricultura intensiva de larga escala. Esse estilo é uma coconstrução de políticas agrárias e desenvolvimento tecnológico, de um lado, e a estratégia de empreendedores agrícolas, de outro. A tecnologia chega na forma de novos artefatos elaborados cientificamente como estábulos com baias, gado Holstein, tipos e . concentrados de pastagens sensíveis ao nitrogênio, que juntos possibilitam a intensificação estimulada pela tecnologia que também exerce o efeito de ampliação da escala da agricultura (ver Capítulo 5). A política agrícola exerce uma influência estimulando a criação de grandes fazendas (por exemplo, via subsídios para investimentos, reorganização espacial) e oferecendo uma garantia de longo prazo definindo preços estáveis, como aconteceu com a antiga Política Agrícola Comum da União Europeia. O papel dos empreendedores agrícolas nesse processo é tentar desenvolver uma agricultura assumindo o comando dos recursos de outros agricultores.

Em *Agronomia social*, Chayanov (1924, p.2) explica claramente alguns desses processos implícitos na produção de heterogeneidade dentro da agricultura.

A individualidade do produtor direto, sua energia criativa, as particularidades de sua propriedade e a qualidade de suas terras, significam que a unidade individual sempre divergirá do tipo médio. A curiosidade e a busca por soluções inovadoras caracterizam todos os agricultores. Consequentemente, todas as unidades estão em condição cinética; estão permanentemente em mudança por causa de experiências, pesquisas e experimentos criativos amplamente disseminados.

A heterogeneidade criada ativamente (condensada aqui como diferentes estilos de agricultura) interage constantemente com diversas mudanças no contexto em que a agricultura está inserida. O impacto dessas mudanças exercerá um efeito distinto nas unidades que praticam estilos de agricultura diferentes. Portanto, haverá seleção; alguns estilos se provarão mais bem ajustados a encarar e lidar com ambientes modificados, outros se tornarão marginalizados. Isso cria variação e seleção "que são em grande medida o mecanismo do desenvolvimento rural [...]. Não há desejo coletivo, consciência dominante, nem comandante e nem plano" (ibid., p.3-4). A centralidade da variação e seleção não exclui a importância de apoiar ou fortalecer a busca pelos estilos mais apropriados, os quais, como pensava Chayanov, podiam ser alcançados por meio de uma "razão social" (ibid., p.3). Esse era exatamente o objetivo da agronomia social proposta por Chayanov. Tal busca que inclui a construção criativa de todas as formas de posições e mesclas intermediárias é, e continua sendo, importante. Como Langthaler (2012, p.402) concluiu em seu impressionante estudo da *longue durée*, "é o caráter híbrido dos estilos de agricultura familiar que aumenta a resiliência dos sistemas agrícolas familiares no problemático ambiente do capitalismo organizado no pós-guerra".

Lutando pelo progresso em um ambiente adverso

No mundo de hoje, o equilíbrio trabalho-consumo assume uma forma muito diferente daquela descrita por Chayanov. Para os camponeses russos, nas duas primeiras décadas do século XX, o lado de consumo da equação se resumiu principalmente (embora longe de ser exclusivamente) ao consumo de comida, roupas e afins (ver, por exemplo, Chayanov, 1966, p.122, tabela 4-2), enquanto o autoprovisionamento da unidade era evidente. Essas eram características patentes, sobretudo se considerarmos que os bens ou serviços em falta podiam muitas vezes ser obtidos por meio de trocas socialmente regulamentadas. A propriedade produzia para o mercado, mas podia fazê-lo porque suas necessidades mais imediatas eram supridas por meio do autoconsumo e autoprovisionamento.

Atualmente, o consumo envolve muitos elementos que não podem ser fornecidos dentro da unidade: educação, energia elétrica, mobilidade (pelo menos além de um determinado raio), comunicações, artigos de luxo etc. As demandas "do consumo que precisam ser atendidas" (ibid., p.128) mudaram significativamente. Da mesma maneira, a administração das unidades de hoje exige uma série de itens (tratores, energia elétrica, bombas etc.) que de forma alguma podem ser produzidos dentro da própria unidade. A "máquina de trabalho" foi drasticamente modificada. Somadas, essas mudanças significam que o equilíbrio trabalho-consumo agora precisa levar em conta uma gama muito mais abrangente de mercados. As relações diretas entre trabalho e consumo estão sendo reduzidas enquanto as relações indiretas (que assumem criticamente uma combinação de diversas transações de mercado) agora são mais importantes. A avaliação do equilíbrio entre trabalho-consumo agora envolve deliberações sobre diversos mercados, suas inter-relações e expectativas sobre as principais tendências dentro desses mercados. As necessidades da família e propriedade precisam ser alinhadas, de uma maneira dialética que envolva adaptação e resistência, com um conjunto complexo de mercados distintos, porém interdependentes.

Juntos, esses diferentes mercados formam uma constelação que está impondo o que se convencionou chamar de espremer a agricultura: os mercados a montante continuam a impor aumentos de preço (contribuindo, assim, para aumentos de custo), enquanto os mercados a jusante tendem a oferecer preços mais baixos e estagnados. Portanto, o espaço disponível entre preços e custos é espremido e a renda de trabalho cai. Em segundo lugar, esses diferentes mercados são cada vez mais mercados mundiais (e refletem menos as relações de escassez locais, regionais e/ou nacionais). Ainda que apenas cerca de 16% de toda a produção agrícola cruze fisicamente as fronteiras internacionais, a presença e a dinâmica dos impérios alimentícios – redes ampliadas que crescentemente controlam a produção, o processamento, a distribuição e o consumo de alimentos (Ploeg, 2008) – significam que o mesmo conjunto de padrões, parâmetros e procedimentos é empregado em escala global, portanto afetando também todos aqueles produtos que não são comercializados e transportados internacionalmente. Um importante mecanismo operacional dos impérios alimentícios é que eles cada vez mais deslocam a produção agrária e a realocam em áreas onde o trabalho, a terra, a água e o espaço ambiental são baratos e onde o apoio político pode ser obtido ou comprado. Como alternativa, buscam mudar a produção para áreas dotadas de condições técnico-institucionais favoráveis à produção corporativa de larga escala. Essas mudanças e realocações podem ser recebidas pela família camponesa como um choque total e repentino. O acesso aos mercados é perdido e regiões inteiras correm o risco de serem economicamente extintas. Uma terceira característica da atual constelação de mercado é que ela aumenta a volatilidade. Isso é parcialmente relacionado a pontos abordados anteriormente, mas também advém da especulação em mercados de futuro. Finalmente, os mercados de alimentos e produtos agrícolas estão progressivamente expostos às consequências da crise geral econômica e financeira. O crédito de refinanciamento de acordos prévios está se tornando escasso e/ou mais caro, enquanto o poder aquisitivo de grandes grupos de consumidores é gravemente afetado. Tudo isso implica unidades funcionando atualmente em um contexto hostil e adverso. Os mercados ameaçam, ainda que em graus diferentes, a continuidade da maioria, ou quase todas, as unidades. Isso põe em perigo os níveis de emprego, as rendas e as perspectivas em relação ao futuro, ao mesmo tempo levando à possível destruição de um patrimônio erguido por gerações. Em suma, os mercados ameaçam causar desespero, miséria e fome, se é que já não estão fazendo isso.

Conforme indicado anteriormente, 1,4 bilhão de pessoas no mundo vivem com renda inferior a 1,25 dólares por dia (Ifad, 2010). Vivem em extrema pobreza. A maioria (70%) vive no campo. Ou seja, há um bilhão de pobres na zona rural. A maioria depende parcialmente, ou em grande medida, da agricultura. Somados àqueles que estão apenas um pouco acima dessa linha de pobreza, há ao todo cerca de três bilhões de pessoas muito pobres no mundo. Muitas passam fome.

Em grande parte da Europa, a maioria dos agricultores ganha menos do que o nível salarial mínimo estipulado por lei, enquanto muitos convivem com a ameaça de falência. No leste europeu, particularmente, a situação é desesperadora (Bryden, 2003)

Dentro dessa constelação de mercado (resultado inevitável do atual regime do império alimentício), a tentativa de dar continuidade à agricultura surge como uma forma de resistência (Chayanov, 1966, p.267; Netting, 1993, p.329). Ingressar novamente à agricultura camponesa também é uma expressão de resistência. Não são poucos os envolvidos nesse tipo de resistência – é uma multidão. Muitos camponeses estão ativamente procurando e colocando em prática adaptações, mudanças, novas abordagens e padrões alternativos de cooperação. Assim sendo, ocorrem diversos processos de reformulação que alteram substancialmente as práticas agrícolas (por exemplo, ampliação da multifuncionalidade e/ou restauração da autonomia). Os mesmos processos de reformulação também estão alterando o modo como as unidades se relacionam entre si e com o contexto mais amplo, resultando no surgimento de novos níveis de resiliência (como discutido por Oostindie, 2013). Essa nova resiliência permite que os camponeses fiquem onde estão, ainda que desprezados pelas principais forças de mercado, e prosperem apesar da tendência de forças externas de disseminar a miséria e a pobreza.

A partir desses fluxos de resistência, reformulação e resiliência, novos fatores comuns costumam aparecer. É o caso dos circuitos de mercado recém-criados na Europa, no Brasil e na China (Ploeg; Jing-zhong; Schneider, 2012). De maneira análoga, novos fatores comuns surgem quando as comunidades camponesas da América Latina recuperam o controle de seus sistemas de irrigação enquanto, ao mesmo tempo, combatem o Estado ou as empresas que tentam se apropriar de seus direitos sobre a água (Boelens, 2008; Vera Delgado, 2011).

No Capítulo 6, discutirei essas novas respostas mais detalhadamente. Aqui é importante observar que as práticas novas e, às vezes, inter-relacionadas resultantes da reformulação basicamente se desenvolvem a partir da maleabilidade da agricultura abordada neste capítulo em termos do pensamento de Chayanov. Dentro e através de suas lutas diárias, os camponeses de hoje recalibram muitos dos principais equilíbrios implícitos na arquitetura de suas propriedades e reconectam esses equilíbrios de maneiras inovadoras de modo que novos estilos de agricultura nascem e amadurecem, estilos de agricultura que estão em desacordo com a mecânica e as necessidades dos sistemas à volta. Isso resulta na criação de novos interstícios que viabilizam, e requerem, outras lutas e respostas novas e mais abrangentes.

A título de síntese: a unidade camponesa

A partir dos equilíbrios discutidos até o momento (e muitos outros que a falta de espaço não me permite discutir aqui)[9] é possível

---

9   Eles incluem o equilíbrio entre o curto e o longo prazo que rege as inter-relações entre passado, presente e futuro; o equilíbrio entre o conhecido e o desconhecido;

agora apresentar uma síntese da unidade camponesa do modo como ela existe e funciona hoje. O objetivo dessa síntese é ressaltar três questões importantes. A primeira concerne às relações das unidades camponesas dos dias de hoje com as do passado: há continuidade, bem como descontinuidade e renovação (esses últimos dois elementos se dão, em parte, por causa do contexto político-econômico modificado de maneira gritante). Em segundo lugar, esse modelo sintético é válido de norte a sul, como veremos mais adiante: não há diferença fundamental, nem antagonismo intrínseco entre camponeses de diferentes partes do mundo. Em terceiro lugar, a síntese diz respeito às unidades camponesas marginalizadas e famílias camponesas pobres, bem como às famílias prósperas e às unidades camponesas altamente produtivas e impecáveis. Isto é, refere-se à realidade e aos potenciais contidos na realidade.

A unidade camponesa é o resultado complexo e dinâmico das considerações e deliberações estratégicas da família agricultora. As autênticas unidades camponesas, como se apresentam em um determinado momento em um espaço específico, equivalem às diversas expressões da arte da agricultura presente no ajuste de cada um dos muitos equilíbrios envolvidos na unidade e na habilidosa coordenação de diferentes equilíbrios. Portanto, pastos e gado são adaptados, variedades de planta são cuidadosamente selecionadas e aprimoradas, o insumo de trabalho é definido, o capital é formado, o conhecimento é desenvolvido e as redes são exploradas. Os diversos equilíbrios são vinculados em um todo coeso que se traduz no planejamento organizacional da propriedade.

A arte da agricultura, isto é, a construção deliberada e estrategicamente fundada de uma propriedade e os diversos elementos que a constituem, não separa a unidade de seu ambiente político-econômico. Parte da arte de balancear cuidadosamente os diversos equilíbrios envolve levar em consideração os parâmetros, oportunidades

---

entre inovação e conservadorismo e o equilíbrio entre a família camponesa e a comunidade ou vilarejo rural. É possível encontrar uma infinidade de informações sobre esses equilíbrios em estudos antropológicos. Ver, por exemplo, Durrenberger (1984) e Long (1984).

e ameaças advindos desse ambiente. Tais ameaças, oportunidades e parâmetros não são convertidos para a unidade de uma forma linear e direta. Em vez disso, são sempre mediados pelo agricultor, que pondera sobre uma série de altos e baixos. Fazem parte de um equilíbrio que é balanceado de uma maneira única pela família agricultora. Portanto, tendências ambientais gerais representarão, com bastante frequência, efeitos diferenciados. A arte da agricultura é intrinsicamente indissociável da reprodução da heterogeneidade. Sobretudo considerando que a heterogeneidade resultante se torna parte integrante das deliberações: provoca debates (quais práticas têm melhor desempenho?) e pode induzir a mudanças (quando ocorrem rupturas, as práticas mais resilientes podem inspirar outras e assim balizar transições de maior escopo).

A heterogeneidade das unidades camponesas sem dúvida não "torna impossível qualquer generalização empírica simples" (Bernstein, 2010a, p.8). Considerando a posição dos camponeses nas sociedades de hoje e levando em consideração que as suas lutas por melhores meios de sustento ocorrem, em maioria, por meio da modelagem e remodelagem de suas propriedades, poderíamos muito bem, penso eu, aprofundar a discussão sobre seis características que são fundamentadas teoricamente e podem ser validadas empiricamente.

A primeira, e provavelmente a mais importante característica se refere ao fato de a agricultura camponesa ser estimulada a produzir a maior quantidade de valor agregado (ou rendimento de trabalho) possível, dadas determinadas circunstâncias. Assim sendo, a agricultura camponesa contribui intrinsicamente para o crescimento econômico. Há uma condição, porém. Essa contribuição pode acabar ficando invisível. É o que ocorre quando o valor gerado é apropriado por terceiros, como o Estado ou os impérios do mercado alimentício. Tal apropriação (ou drenagem) pode ser tão vasta que chega a desacelerar qualquer crescimento maior, a formação de capital e o desenvolvimento no campo e ainda induz à desativação da agricultura camponesa (uma forma de involução que testemunhamos hoje).

O foco na criação e ampliação do valor agregado reflete a condição camponesa: enfrentar um ambiente hostil gerando renda de maneira independente no curto, médio e longo prazos. Nesse sentido, o campesinato definitivamente faz parte da modernidade, como defenderam recentemente Lallau (2012) e Deléage (2012). Embora a centralidade da produção de valor agregado dentro da estrutura da agricultura camponesa possa parecer óbvia, trata-se de uma característica decisiva para distinguir a agricultura camponesa de outros tipos de agricultura. O modo empresarial de agricultura é tão orientado no sentido da captura da base de recursos de outros agricultores quanto o é para a criação direta de valor agregado. A agricultura capitalista é centralizada na produção de lucros, ainda que isso implique redução no valor agregado total. Nos casos em que as condições são iguais para os três modos de agricultura, a agricultura camponesa se destaca como a mais produtiva, auferindo os rendimentos mais elevados e trabalhando continuamente em novas melhorias de sua própria base de recursos. Destaca-se também como o modo mais sustentável de agricultura. Todas essas proposições se aplicam igualmente às regiões desenvolvidas e às regiões em desenvolvimento do mundo.

Obviamente o ambiente em que a agricultura se insere influencia significativamente os níveis de valor agregado e o modo como se desdobram ao longo do tempo. A agricultura camponesa, em particular, precisa de espaço para concretizar seus potenciais. Se esse espaço não estiver disponível, por causa de interações negativas do ambiente na agricultura camponesa, a capacidade de a agricultura camponesa dar vazão ao seu potencial fica bloqueada. Logo, as lutas camponesas são um reflexo da natureza multifacetada das interações entre a agricultura camponesa e a sociedade como um todo.

Uma segunda característica está relacionada à base de recursos disponível para cada unidade camponesa de produção e consumo: é limitada e quase sempre está sob pressão (Janvry, 2000). Isso se deve em parte à mecânica interna, como práticas herdadas que, em geral, implicam uma distribuição de recursos disponíveis limitados entre um número cada vez maior de novas famílias. Deve-se ainda às pressões externas sobre os recursos como mudanças climáticas e/ou usurpação de recursos por grandes interesses corporativos voltados à exportação. De modo geral, os camponeses não tentarão contrabalançar essas pressões expandindo a base de recursos através da formação de relações de dependência duradouras e substanciais com mercados para fatores de produção. Essas estratégias iriam contra a busca por autonomia e também envolveriam elevados custos de transação. A escassez relativa e crescente dos recursos disponíveis aumenta a importância de aprimorar a eficiência técnica (ver Capítulo 5). Na agricultura camponesa, isso mais uma vez significa obter o máximo de produção com os recursos que se tem à mão, sem comprometer a qualidade dos mesmos.

Uma terceira característica está ligada à composição quantitativa da base de recursos: o trabalho será quase sempre relativamente abundante, enquanto os objetos do trabalho (terra, animais etc.) serão relativamente escassos. Combinada com a primeira característica, isso significa que a produção camponesa tende a ser altamente laboriosa, a formação de capital muitas vezes ocorre por meio de investimentos de trabalho e a trajetória de desenvolvimento será moldada como um processo contínuo de intensificação estimulada pelo trabalho.

A natureza qualitativa das inter-relações dentro da base de recursos também é importante. Isso aponta para uma quarta característica: a base de recursos não está separada entre elementos opostos e contraditórios (por exemplo, trabalho *versus* capital ou trabalho manual *versus* intelectual), mas, em vez disso, os recursos disponíveis sociais e materiais representam uma unidade orgânica pertencente a e controlada por aqueles envolvidos diretamente no processo de trabalho. Em termos mais políticos, trata-se de uma unidade autorreguladora. As regras que comandam as inter-relações entre os sujeitos e definem suas relações com os recursos são tipicamente derivadas e implícitas neles, repertórios culturais locais, incluindo as relações de gênero. Os tipos chayanovianos de equilíbrios internos também exercem um importante papel.

Uma quinta característica (intimamente imbricada nas anteriores) está ligada à centralidade do trabalho: a produtividade e o futuro desenvolvimento de uma unidade camponesa dependem fundamentalmente da quantidade e qualidade do trabalho. Os aspectos associados a isso incluem a importância dos investimentos no trabalho (terraços, sistemas de irrigação, instalações, gado aprimorado e cuidadosamente selecionado etc.), a natureza das tecnologias aplicadas (orientada para habilidades e não para a mecânica) e a inovação camponesa.

Em sexto lugar, é preciso citar a especificidade das relações estabelecidas entre os mercados e a unidade de produção camponesa. A agricultura camponesa é tipicamente alicerçada (e ao mesmo tempo a abarca) na reprodução relativamente autônoma e historicamente garantida. Os fluxos e circuitos de não mercadoria são tão importantes quantos os fluxos e circuitos de mercadoria. Cada ciclo de produção se desenvolve a partir dos recursos produzidos e reproduzidos durante os ciclos anteriores (ver também a Figura 3.1). Portanto, esses recursos ingressam no processo de produção como não mercadorias que são usadas para produzir mercadorias e, ao mesmo tempo, ajudam a reproduzir a unidade de produção.[10]

As características descritas anteriormente fluem juntas na natureza da agricultura camponesa, natureza esta peculiar, ainda que muitas vezes incompreendida e essencialmente distorcida, que se orienta primordialmente para a busca e criação de valor agregado e emprego produtivo. Nos modos capitalistas e empreendedores de agricultura, os lucros e os níveis de renda podem ser elevados reduzindo-se o insumo de trabalho e/ou se apropriando das bases de recursos de terceiros (seja lá como for). Por outro lado, a agricultura camponesa procura alinhar o aumento contínuo do valor agregado por propriedade com elevações no valor agregado pela comunidade camponesa como um todo.

Ao nível da comunidade camponesa como um todo, a posse de uma base de recursos específica por uma determinada família é genericamente reconhecida. Dentro dos repertórios culturais

---

10 Como vimos anteriormente, esse padrão contrasta claramente com a reprodução dependente do mercado em que a maioria ou todos os recursos são mobilizados por meio dos mercados, entrando assim no processo de produção como mercadorias. Assim sendo, as relações de mercadoria de fato penetram no cerne dos processos de trabalho e produção.

predominantes (ou economias morais), a ocupação de terras ou propriedades adjacentes definitivamente não é vista como progresso; para a comunidade camponesa como um todo isso seria equivalente à autodestruição. Portanto, as famílias camponesas individuais lutam para progredir, ainda que com ritmos diferentes e níveis de sucesso diferentes, por meio de seus próprios esforços e usando seus próprios recursos. Isso se soma ao crescimento total de valor agregado ao nível da comunidade ou da economia regional. Na agricultura capitalista e/ou empreendedora, o crescimento ao nível dos empreendimentos individuais é, em geral, associado à estagnação ou até uma redução na quantidade total de valor agregado em níveis mais altos de agregação. Uma economia camponesa exclui a ocorrência de um padrão como esse.

Nota final sobre a diferenciação

No texto anterior foram feitas algumas referências a outro assunto envolvido em discussões acaloradas pela esquerda radical: a diferenciação ou estratificação da sociedade camponesa. A heterogeneidade na agricultura engloba muitas dimensões, porém as diferenças entre propriedades menores e maiores (seja qual for a métrica usada para essa comparação) e famílias mais pobres e mais ricas (supostamente equivalentes a propriedades menores ou maiores, embora isso não seja necessariamente o caso) são quase sempre descritas em termos do conceito de estratificação. Isso se baseia na premissa de que a sociedade camponesa é composta de diferentes estratos, divergentes, e se constituindo em classes contrastantes. Ainda assim, restam muitas dúvidas. Qual é a origem das tendências divergentes que resultam em estratos diferentes? E quais são as implicações da estratificação?

Há duas visões contrastantes aqui. A visão marxista/leninista é focada na diferenciação de classe. Contraposta a essa visão, há o conceito de diferenciação demográfica desenvolvido por Chayanov.

A visão canônica sobre diferenciação de classe é claramente especificada por Marx (1951, p.193-94).

[o] camponês que produz com seus próprios meios de produção será gradualmente transformado em um pequeno capitalista que também explora o trabalho de outros ou sofrerá a perda de seus meios de produção [...] e será transformado em um trabalhador assalariado. Essa é a tendência da sociedade onde predomina o modo capitalista de produção.

Nessa estrutura das coisas o campo viria finalmente a ser ocupado por agricultores capitalistas, trabalhadores assalariados que trabalhem para eles e propriedades camponesas que ainda não foram dissolvidas. Essa última categoria poderia então ser dividida em três subcategorias: camponeses "pequenos", fadados a se tornarem proletários; camponeses de "médio porte" que estão "presos no meio"; e camponeses "grandes" em vias de se tornarem agricultores capitalistas.[11] O modelo de diferenciação demográfica de Chayanov apresenta outra visão. Segundo ele, essas diferenças na magnitude da unidade de produção são basicamente temporárias porque advêm de mudanças na razão consumidor/trabalhador dentro da família camponesa. Um jovem casal começa com uma pequena propriedade, porém quando o número de consumidores aumenta em relação ao número de trabalhadores, o tamanho da propriedade será ampliado – até o casal envelhecer e os filhos adquirirem independência; então a propriedade retrai novamente. Existem muitas variações sobre esse tema, como Chayanov (1966, p.242-57) documenta profusamente em sua obra *Theory of the Peasant Economy*. Posteriormente, autores como Fei Xiao Tung (1939) demonstraram que o ciclo demográfico pode muito bem abranger quatro ou cinco gerações (ver também Yang, 1945, p.132) e pode implicar mudanças consideráveis em estilos de agricultura (Garstenauer; Kickinger; Langthaler, 2010).

Chayanov (1966, p.248) foi realista ao reconhecer que havia, na verdade, "duas correntes poderosas" no campo russo daquela época: diferenciação de classe e diferenciação demográfica, ambas quase

---

11 A última parte notadamente se aproxima dos esquemas de classificação elaborados pela economia neoclássica no período de 1960-2000.

sempre interligadas de maneiras complexas. Tempos depois, sua posição foi ecoada por Daniel Little, que argumentou que ambos os processos poderiam ocorrer, com a ênfase oscilando entre uma e outra. Os "leninistas", por outro lado, mantinham-se firmes na ideia de que a diferenciação demográfica era irrelevante, se é que existia.

Se revisitarmos os debates da época com a vantagem de saber como a história se desdobrou, podemos afirmar que, salvo algumas exceções, não houve uma diferenciação de classe definitiva na agricultura mundial a partir dos anos 1880 tão rígida e abrangente como sugere a citação anterior. Na verdade, aconteceu exatamente o oposto. Especialmente durante as crises agrárias internacionais dos anos 1880 e 1930, a agricultura capitalista recuou ou chegou inclusive a desaparecer por completo de grandes áreas. Isso foi discutido e analisado eloquentemente na questão das grandes planícies norte-americanas por Harriet Friedmann (1980, 1993), e Zanden (1985) documentou o mesmo fenômeno na Europa. Netting (1993, p.296) oferece uma discussão geral do fenômeno.

Nesse ínterim, a discussão migrou para novos mecanismos de diferenciação – mecanismos que provocam efeitos bastante diferentes daqueles esperados mais de cem anos atrás. Um primeiro novo mecanismo está relacionado ao surgimento da agricultura empresarial. Esse modelo funciona por meio de aquisições, um fenômeno extremamente restrito ou ainda um tabu na agricultura camponesa. Os empreendedores agrários (um modelo e uma identidade que só surgiram com a modernização e a Revolução Verde, ver Ploeg, 2003) apropriam-se da terra, da água, das cotas, dos símbolos e do acesso ao mercado de terceiros, acelerando assim o processo de crescimento quantitativo ao nível do empreendimento agrícola (ver, por exemplo, Gerritsen, 2002, que documentou esse processo para o México).

Um segundo mecanismo de diferenciação está relacionado ao atual ressurgimento de grandes empreendimentos capitalistas agrícolas, sobretudo no sul (Schutter, 2011). Isso possui forte ligação com os impérios alimentícios ou chega até a fazer parte diretamente deles. Os novos empreendimentos, atualmente criados também por meio da apropriação de terra e água, não competem mais com o setor camponês em preços. Sua "competitividade" se baseia tipicamente no controle dos canais (globais, em maioria) pelos quais os produtos agrícolas são comprados e vendidos. Decisivo nesse controle está o privilégio de acesso, certificação, padronização de produtos e volume de vendas. É, em suma, a "competitividade" fundamentada na coerção extraeconômica.

Juntas, essas novas formas de diferenciação representam ameaças gravíssimas ao campesinato do mundo de hoje.

4
A POSIÇÃO DA AGRICULTURA CAMPONESA EM UM CONTEXTO MAIS ABRANGENTE

No capítulo anterior, expliquei que os diferentes equilíbrios contidos na família agricultora e na unidade agrícola possuem ramificações para relações sociais mais amplas e gerais e como essas relações se refletem dentro da propriedade e da família. Enquanto os equilíbrios internos são tipicamente definidos e determinados pelos sujeitos diretamente envolvidos no processo, não é assim que acontece no caso dos equilíbrios mais abrangentes a serem discutidos neste capítulo.

Os equilíbrios externos não estão localizados dentro da família camponesa, mas na interface entre o setor agrícola como um todo e a sociedade e os mercados nos quais se inserem. Esses equilíbrios externos não podem ser determinados, ou influenciados, por agricultores individuais. No entanto, fato é que esses equilíbrios evidentemente exercem um impacto considerável em propriedades individuais e famílias agricultoras.

Chayanov não discutiu explicitamente esses equilíbrios externos, nem tampouco teorizou sobre os mesmos, embora uma parte de sua obra possa ser interpretada como alusão a tais influências, sobretudo o capítulo 6 da edição de 1966. Existem referências claras, por exemplo, a como a economia camponesa pode afetar o mercado de trabalho (Chayanov, 1966, p.240) – questão retomada muito tempo depois por Luiz Norder (2004) no Brasil. O mesmo se aplica às políticas estatais que afetam o campesinato, conforme ilustrado por Chayanov (1991) na discussão sobre cooperação horizontal *versus* vertical em *The Theory of Peasant Cooperatives*. Não podemos deixar de citar, é claro, *Viagem de meu irmão Alexis ao país da utopia camponesa* (Chayanov, 1976), em que Chayanov, autor do livro que foi publicado com um pseudônimo, conseguiu se expressar com mais clareza do que em seus outros escritos. Esse romance contém discussões provocadoras sobre o "equilíbrio ideal entre campo e cidade" (Kerblay, 1966, p.xlvii); em *Utopia* as cidades muito grandes não mais existem e Chayanov também escreve sobre a intensificação agrícola, sobre o papel dos camponeses na sociedade e nos apresenta *flashbacks* proféticos que (em 1920!) preveem o fim do domínio bolchevique e a formação da democracia direta.

Relações cidade-campo enquanto mediadas por relações de troca

Um primeiro equilíbrio externo se refere às inter-relações entre propriedades e mercados a jusante. Os mercados podem funcionar de maneiras diferentes em diferentes épocas e em diferentes lugares. Alguns demonstrarão uma tendência de longo prazo de preços em queda. Outros apresentarão, como ressaltou Chayanov (1966, p.105), "um aprimoramento na situação de mercado" (ver ibid., p.83, figura 2.4). Os agricultores italianos se referem a essa situação como *"un mercato che tira"*, um mercado que puxa, isto é, um mercado que estimula os agricultores a produzirem mais. É um mercado que viabiliza a formação de capital, pois os preços recebidos pela produção das propriedades são mais altos do que os custos de produção. As perspectivas positivas (isto é, a expectativa de que os preços se manterão em um nível relativamente alto) contribuem ainda mais para essa situação. O oposto ocorre quando os preços são baixos e a expectativa é de que caiam ainda mais. Nesse caso, estamos falando de mercados adversos. Eles mal possibilitam a manutenção ou reprodução da unidade; inibem maior formação de capital e atrapalham o desenvolvimento da unidade. Os produtores têm que suportar esses períodos, provavelmente até precisem reduzir consideravelmente o padrão de vida para conseguir sobreviver. Essa situação de mercado pode surgir como resultado do "viés urbano" (Lipton, 1977), de relações globais de dependência (Galeano, 1971) ou da pressão que os impérios alimentícios impõem hoje em dia à agricultura.

Essas duas situações de mercado exercem impactos diferentes dependendo do tipo de unidade. O equilíbrio entre recursos internos e externos na unidade pode ter um papel-chave no modo como essas forças afetam o nível micro. A Figura 4.1 resume essas interações de uma forma simplificada. A seta representa a tendência dominante na agricultura mundial durante as últimas décadas.

A Figura 4.1 mostra os diferentes equilíbrios que podem existir entre propriedades e mercados. Esses equilíbrios são absorvidos e transformados pelas unidades agrícolas, afetando os diferentes equilíbrios "internos" (a utilidade, por exemplo, será gravemente afetada). No entanto, o equilíbrio entre propriedades e mercados não é estático.

Figura 4.1 – As interações entre mercados e propriedades

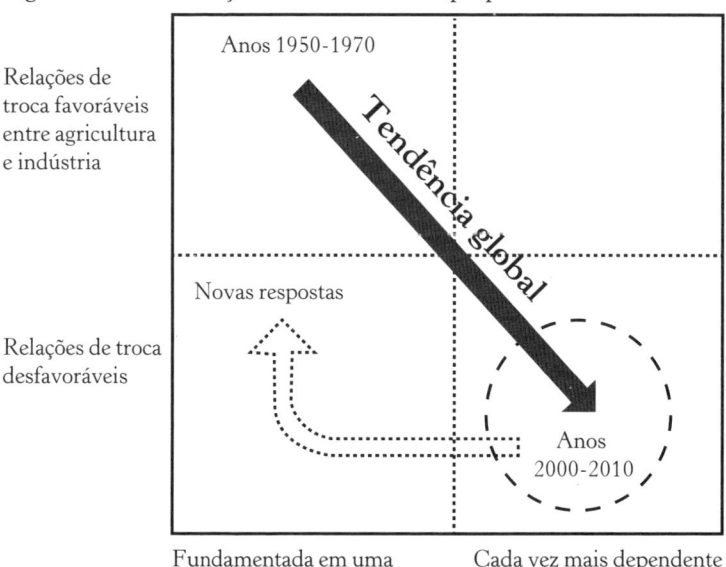

Os camponeses podem se retirar de mercados específicos e ingressar em outros (as propriedades multiprodutos têm uma considerável flexibilidade nesse caso); podem lançar mão de cooperativas como poder compensatório; quando há desequilíbrios extremos, eles podem se mobilizar nas ruas e reivindicar intervenções do Estado. Podem até organizar por conta própria novos canais de mercado (Ploeg; Jingzhong; Schneider, 2012).

Muitas propriedades camponesas hoje estão cada vez mais dependentes de recursos externos e estão, simultaneamente, enfrentando relações de troca desfavoráveis. Muitas delas ficam armadilhadas nessa difícil situação por um projeto neoliberal que fez ruírem as políticas agrárias, liberalizou e globalizou os mercados e soltou os freios de todos os controles sobre o capital. O neoliberalismo contribuiu muitíssimo para a mudança da agricultura do *status* de unidades de produção relativamente autônomas que enfrentam condições de mercados relativamente favoráveis (claro que isso não se aplica universalmente) para unidades extremamente dependentes de mercados a montante (ver capítulo anterior) e que enfrentam condições de mercados desfavoráveis (como ilustra a seta na Figura 4.1). A consequência dessa mudança é que muitas propriedades, de norte a sul, sentem uma dificuldade cada vez maior de continuar existindo.[1] Como resposta, muitos agricultores, do mundo inteiro, procuram migrar da posição direita inferior da Figura 4.1 na direção da posição esquerda inferior para que possam enfrentar melhor os mercados adversos: isto é, tornar a agricultura mais inclinada ao campesinato e mais baseada em recursos próprios.[2] Alguns grupos de camponeses estão inclusive tentando migrar da posição inferior esquerda em

---

1   O perigo iminente ligado a essa tendência é que ela induz a fortes tendências declinantes na produção mundial de alimentos.

2   Nesse contexto, Mottura (1988, p.27) observa que "em períodos com preços agrícolas favoráveis o comportamento de dois grupos de propriedades [representados nas colunas esquerda e direita da Figura 4.1] pode ser similar. Entretanto, como mostrou Chayanov, a diferença surge nos períodos de preços ruins. É então que o grupo da direita tende a desacelerar a atividade econômica, ao passo que o grupo da esquerda continua em busca de novas oportunidades a fim de investir seu trabalho".

direção à superior esquerda, por meio da construção de novos mercados e canais de mercado. Ambas as tentativas contribuem para a riqueza e multidimensionalidade dos movimentos camponeses de hoje. Contudo, as mesmas tentativas, ainda que bastante divulgadas, ainda são, em grande medida, a exceção e não a regra.

Relações cidade-campo enquanto mediadas pela migração

Os mercados não são o único mecanismo de articulação da agricultura e economia urbana – a migração também foi, e é, da mais alta importância. A migração pode assumir muitas formas. Pode ser um fluxo unidirecional de pessoas dirigindo-se do campo para as cidades e canteiros de obras, fábricas, portos e setores informais em qualquer outro lugar. Favelas que crescem nas periferias das cidades são o resultado praticamente inevitável desse processo (Davis, 2006). A pobreza rural e/ou conflitos nas zonas rurais podem atuar como um fator estimulante aqui, porém os salários relativamente mais altos que às vezes são pagos na economia urbana (Chayanov, 1966, p.107) também podem estimular as pessoas a se mudarem para os centros urbanos. Os camponeses quase sempre levam conhecimentos consideráveis para a economia urbana. Foi o que aconteceu na Itália após a Segunda Guerra Mundial, quando os *mezzadri* levaram suas habilidades de interconexões para as cidades e criaram um próspero setor de pequenas e médias empresas que viriam a se tornar o coração do "milagre" italiano (Bagnasco, 1988).

O lado negativo do êxodo rural, porém, qualquer que seja a sua especificidade, é o retrocesso e o abandono passíveis de ocorrer no campo (Chayanov, 1966, p.107-8). Os efeitos negativos podem ser evitados quando a migração é cíclica e não unilinear, embora outros efeitos negativos possam surgir. A migração cíclica se caracteriza por jovens deixando o campo, vivenciando a cidade, ganhando e economizando dinheiro (em geral somente depois de terem noivado ou casado). Cedo ou tarde esses migrantes voltam para seus vilarejos e investem em agricultura, armazéns e pequenas empresas. Esse padrão, de maneira geral, aumentou consideravelmente o dinamismo na agricultura. Foi importante em toda a Europa e é importante agora na China. É impossível compreender a agricultura chinesa sem compreender os múltiplos padrões cíclicos da migração que a conectam às cidades e indústrias (Ploeg; Jingzhong, 2010). Esse padrão cíclico às vezes também pode ser transnacional.

Historicamente, os camponeses que trabalhavam na economia urbana enquanto mantinham as propriedades (muitas vezes administradas pelas esposas ou pais) contribuíram para construir uma classe trabalhadora forte, capaz de assumir uma postura firme em diversos conflitos. Isso foi possível exatamente porque tinham uma posição alternativa: as próprias unidades. Ottar Brox (2006) documentou o exemplo da Noruega, onde a classe trabalhadora que surgiu no início do século XX possuía raízes rurais e contribuía enormemente em conflitos decisivos que acabaram resultando em uma distribuição relativamente justa da riqueza da nação produzida socialmente. Isso ainda se reflete nas relações de hoje. É possível que a Noruega seja o único país produtor de petróleo do mundo onde os enormes lucros do setor são usados em prol da população como um todo, em vez de serem tomados pelas oligarquias e pelo capital privado.

Em suma, a migração é um importante ingrediente do equilíbrio total entre cidade e campo. Algumas formas de migração podem enfraquecer a vitalidade do campo. Por outro lado, outros padrões podem contribuir enormemente para uma renovação do campo. O repertório cultural é um dos fatores decisivos: as pessoas podem ou não julgar importante o retorno para o campo para melhorar as condições rurais.

Agricultura *versus* processamento e comercialização de alimentos

Historicamente houve um processo contínuo de "externalização" do processamento e comercialização de alimentos. Hoje, a maior parte da agricultura é restrita à produção e entrega de matérias--primas, que então são processadas pelas indústrias alimentícias especializadas, muitas das quais funcionam em escala mundial como verdadeiros impérios (Bonnano et al., 1994). O comércio é cada vez mais controlado por grandes empresas de comércio e cadeias varejistas. Juntamente com as empresas do setor agroindustrial que controlam os fluxos de insumos para a produção primária, essas indústrias, empresas e cadeias compõem as redes (Vitali; Glattfelder; Battinson, 2011) que funcionam cada vez mais como sistemas extrativistas.

A interação entre produtores primários e a indústria alimentícia vai além de "simples" transações de troca de mercadorias por dinheiro. À sua época, Chayanov (1966, p.262) já observava que

> a máquina de comércio, preocupada com o padrão de qualidade da mercadoria entregue, começa a interferir ativamente na organização da produção também. Estabelece condições técnicas, distribui sementes e fertilizantes, determina a rotação e transforma seus clientes em executores técnicos de seus projetos e planos econômicos.

Esse aspecto foi posteriormente teorizado detalhadamente pelo sociólogo rural italiano Bruno Benvenuti. Ele descobriu que as relações de mercadoria vinham acompanhadas por e eram interligadas às relações "técnico-administrativas" (Benvenuti; Bussi; Satta, 1983). Juntas, as duas criam uma estrutura institucional que prescreve exatamente aquilo que os agricultores precisam fazer, quando, como e em que sequência. Tal estrutura elimina quase completamente a "liberdade de", conforme vimos no Capítulo 3. Consequentemente, o "empreendedor agrícola" é, segundo Benvenuti, um "fantasma". Sem praticamente nenhuma margem de critérios para tomar decisões empresariais, o empreendedor agrícola se limita a um roteiro definido por outros, notadamente a indústria alimentícia, as importadoras e exportadoras, as cadeias de varejo, as indústrias fornecedoras de insumos, bancos e órgãos estatais (Benvenuti, 1982; Benvenuti et al., 1988).

Nos tempos de Chayanov, as cooperativas ainda ofereciam a promessa de um poder eficaz de compensação. As cooperativas eram

baseadas em classe (Chayanov, 1991) e ofereciam à economia camponesa as vantagens das operações em larga escala:

> as cooperativas camponesas [...] representam, em uma forma extre-
> mamente aperfeiçoada, uma variação da economia camponesa que
> possibilita ao produtor de mercadorias de pequena escala desvincular
> de seu planejamento organizacional os elementos do planejamento
> em que a forma de produção de larga escala possua vantagens indis-
> cutíveis sobre a produção em pequena escala – e o faz sem sacrificar
> a sua individualidade. Ele consegue organizá-los com seus vizinhos
> de modo a conquistar a forma de produção em larga escala. (ibid.,
> p.17-18)

Hoje em dia a situação é muito diferente. As antigas cooperativas
se desenvolveram e se transformaram em entidades que tratam os
camponeses da mesma forma que os impérios alimentícios. Como
consequência, novas estruturas cooperativas não são mais vistas
como as que oferecem vínculos promissores com os mercados gerais
de mercadorias. Em vez disso, os novos movimentos rurais tentam
criar novos "comuns": novos mercados inseridos em novas estruturas
normativas compartilhadas por produtores e consumidores. Esses
novos mercados surgem em sua maioria nos interstícios – locais
em que o funcionamento de grandes mercados de *commodities* está
longe de ser satisfatório. De maneira análoga, no processamento de
alimentos os termos comerciais não são mais a principal questão a
ser negociada; a principal questão agora é se, e em que condições, o
processamento pode ser reintegrado à agricultura ou à economia local.
Essa questão é particularmente relevante já que as novas tecnologias
miniaturizadas têm o potencial de transformar isso em realidade. A
realocação do processamento e comércio dentro da unidade se tornou
um dos principais apelos das mobilizações dos movimentos rurais de
hoje (Schneider; Niederle, 2010).

Relações Estado-campesinato

O Estado é uma entidade que reflete e governa – direta ou indiretamente – as relações entre as economias urbana e rural e, portanto, as relações entre mercados e produtores primários, a natureza da migração e as inter-relações entre camponeses, comerciantes e processadores de alimentos. Mas é mais do que isso. O Estado também é uma força autônoma que impõe sua própria marca na dinâmica rural. Portanto, o equilíbrio das relações de poder – a correlação das forças sociais contrastantes – é uma característica crucial que requer consideração. A Figura 4.2 ilustra isso. Ela mostra os altos e baixos nos níveis de rendimentos (isto é, a produtividade física por unidade de terra) em uma cooperativa agrícola no norte do Peru. O nível dos rendimentos demonstrado se baseia nos rendimentos médios de arroz, sorgo, algodão, milho e bananas, todos cultivados na cooperativa. A média é expressa como um índice com rendimentos de 1973-74 iguais a 100.

Figura 4.2 – Desenvolvimento dos rendimentos em Luchadores, cooperativa no norte do Peru, anos 1960-1980

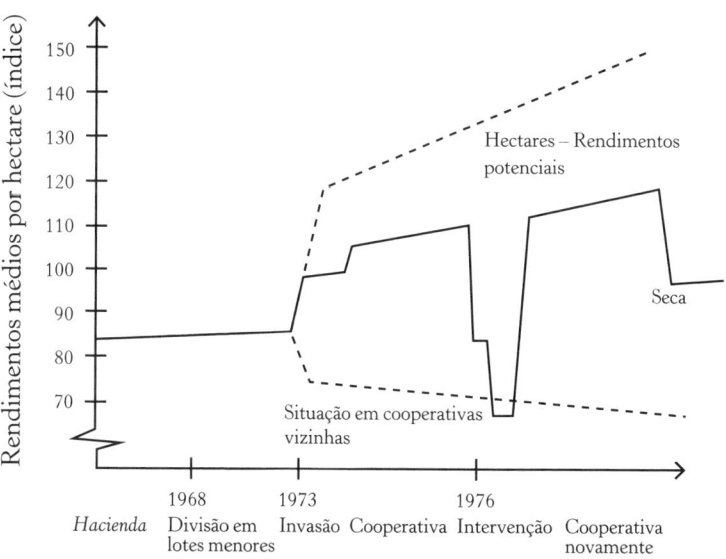

A questão principal aqui é que os níveis de rendimento refletem – com uma precisão quase exata – as relações de poder no campo, enquanto mediadas pelo Estado. Em 1969, foi declarada uma Lei de Reforma Agrária, mas só em 1972, quando o sindicato trabalhista decidiu invadir as terras de grandes proprietários de terra e construir uma nova cooperativa, é que os níveis de rendimento aumentaram consideravelmente e continuaram aumentando. Isso refletia perfeitamente o maior poder dos produtores primários sobre o processo de produção. Foi o caso até 1976, quando o Estado interveio na cooperativa, assumiu as rédeas gerenciais e reduziu o emprego pela metade. Isso provocou uma queda brusca nos rendimentos que só foram recuperados após uma duradoura greve e a retirada dos engenheiros indicados pelo Estado. Então os rendimentos continuaram a crescer até que uma forte seca atingiu a região em 1983.

Os rendimentos nessa cooperativa (Luchadores del 2 de Enero) eram muito maiores do que os das cooperativas vizinhas. Isso se devia à presença do sindicato trabalhista, que transformava a luta por mais emprego em formas coletivas de intensificação estimulada pelo trabalho (ver próximo capítulo). Na realidade, os rendimentos poderiam ter sido ainda mais altos. A falta de "liberdade de" suficiente (por exemplo, de circuitos bancários, grandes empresas importadoras e exportadoras e órgãos estatais) foi responsável por esse desempenho relativamente insatisfatório (para uma discussão mais detalhada, ver Ploeg, 1990, capítulo 4).

O equilíbrio entre Estado e campesinato é, incessantemente, de enorme importância.[3] Muitas vezes se transforma, como mostra o exemplo anterior, nos campos e processos de produção neles

---

3 Little (1989) defende que o equilíbrio de poder foi decisivo para os padrões de desenvolvimento no campo e indiretamente para aqueles na cidade também. "Nas áreas onde os camponeses foram substancialmente privados de tradição, organização e poder de resistência", outras classes como "uma aristocracia esclarecida e uma burguesia florescente conseguiram, por meio da agricultura capitalista, reestruturar as relações agrárias na direção do lucro e inovação científica" (Little, 1989, p.119). No entanto, nessas regiões "onde as comunidades camponesas foram capazes de defender os ajustes tradicionais [...] puderam bloquear o surgimento de relações de propriedade dentro das quais a agricultura capitalista

inseridos. Os dois lados do equilíbrio foram descritos magistralmente por James Scott. De um lado, "enxergar como um Estado" (Scott, 1998) é fundamental; do outro, os camponeses se sobressaem na "arte de não serem governados" (Scott, 2009).

Os balanceamentos que compõem esse equilíbrio quase sempre se cristalizam em políticas agrárias específicas. Muitos aspectos dessas políticas foram criticados pela esquerda radical. De fato, eles muitas vezes vão de encontro aos interesses dos camponeses (normalmente, 80% dos subsídios da UE são destinados a 20% dos agricultores mais ricos, nomeadamente os "empreendedores agrícolas"). Contudo, é preciso cuidado para não descartar a fruta junto com o caroço. As políticas agrárias foram criadas, sobretudo nos anos 1930, para enfrentar e remediar crises profundas e prolongadas. Isso vale para o New Deal nos EUA e as diferentes políticas agrárias da Europa que posteriormente foram reunidas na Política Agrícola Comum. Há uma necessidade contínua e urgente pelas políticas agrárias para solucionar o desequilíbrio fundamental nas relações entre agricultura, de um lado, e, de outro, a sociedade, a ecologia e os interesses e as perspectivas daqueles diretamente envolvidos na agricultura. Criar políticas capazes de reconciliar esses interesses quase sempre conflitantes é uma tarefa urgente e desafiadora. Estabelecer políticas que promovam equidade e igualdade ou que, pelo menos, não exacerbem iniquidades e desigualdades já existentes, é particularmente problemático, já que a agricultura em todos os níveis já se caracteriza por desigualdades significativas. Para Chayanov (1988, p.142), a "democratização da distribuição de renda" foi um dos principais objetivos da reforma agrária. Entretanto, em nível global existem abismos profundos que separam o Norte do Sul (ver Mazoyer; Roudart, 2006), e tais diferenças são extremamente visíveis aos níveis regional e local. Como resultado, as políticas agrárias exercem, quase inevitavelmente, um impacto altamente diferenciado, enriquecendo alguns sem oferecer assistência suficiente para os que necessitam. Os

---

[e] as relações salariais no campo [...] poderiam surgir" (ibid.). Ver também Moore (1966).

custos e os benefícios das políticas agrárias são, em geral, distribuídos desigualmente. Ainda não está muito claro como lidar com essa questão crucial – sobretudo quando as reformas agrárias são empurradas para escanteio das agendas políticas (Thiesenhuisen, 1995). É ainda mais complicado se considerarmos o histórico de ineficácia do campesinato para resolver desigualdades internas.

O equilíbrio entre crescimento agrário e crescimento demográfico

Ao avaliar o equilíbrio entre trabalho e consumo ao nível micro (ver Capítulo 2), o agricultor camponês atinge o equilíbrio necessário entre produção e consumo. Ao nível macro, isso se reflete no equilíbrio entre crescimento agrário e crescimento demográfico, o caso da África, conforme mostrou Ester Boserup (1970). O crescimento demográfico significa que há mais bocas a serem alimentadas, mas também mais mãos para trabalhar a terra. Portanto, pode induzir ao crescimento agrário. Relações semelhantes foram descritas com relação a outras partes do mundo. Huang (1990, p.11) indica a centralidade do crescimento demográfico em zonas densamente povoadas da China: "O aumento populacional, por intermédio das propriedades peculiares da unidade familiar camponesa, foi o que estimulou a comercialização no delta do Yangtzé durante a Era Ming-Qing, enquanto era por si só possibilitado pela comercialização". Huang também reconheceu o outro lado da equação: "o grau em que uma economia camponesa irá involuir depende muito do equilíbrio relativo entre a sua população e os recursos disponíveis" (ibid.). O crescimento agrário fica sujeito a limites claros.

Hoje em dia, em muitas partes do mundo, o equilíbrio que no passado era evidente entre crescimento demográfico e crescimento agrário está desordenado (ver Netting, 1993, p.272). Isso é mais visível e drástico na África: a produção agrícola *per capita* vem permanentemente declinando há pelo menos cinquenta anos (Xiaoyun et al., 2012). A conexão óbvia existente no passado entre produção e consumo foi rompida. Isso não acontece apenas ao nível dos Estados-nação (disparando assim o apelo pela soberania alimentícia), mas ocorre também em nível micro. Isso resulta na trágica situação sintetizada em um ditado peruano: *"tierra sin brazos y brazos sin tierra"*.[4] Trata-se da situação típica de uma família da zona rural que sofre com pobreza e até fome, enquanto a terra que circunda a propriedade se mantém improdutiva. As pessoas não dispõem dos meios para cultivar a terra e, por ora, qualquer possibilidade de restabelecer-se de um equilíbrio completamente deformado está além do alcance.

---

4 Trad.: "Terra sem braços e braços sem terra".

5
RENDIMENTOS

A história da agricultura camponesa é a história da intensificação contínua (ver Box 5.1, p.133). Ao longo dos séculos, os agricultores, tanto de forma deliberada quanto não intencional, introduziram pequenas mudanças e, às vezes, mudanças mais significativas nos processos de produção, resultando em aumentos constantes nos rendimentos. Esse processo foi exaustivamente documentado por Slicher van Bath (1960), Boserup (1970), Wit (1992), Richards (1985), Bieleman (1992), Osti (1991), Mazoyer e Roudart (2006), Wartena (2006), Steenhuijsen Piters (1995) e Zanden (1985), entre outros.

Os rendimentos não são meramente parâmetros técnicos. Refletem também interações complexas e intrigantes entre os níveis micro e macro, entre o local e o global. Em outras palavras, os rendimentos refletem as relações sociais tanto quanto dependem delas. Os rendimentos são o resultado do processo de trabalho e, portanto, refletem os permanentes ajustes nos diversos equilíbrios que organizam esse processo, particularmente o equilíbrio entre autonomia e dependência. Os rendimentos estagnados podem levar à fome e à miséria abjeta; os aumentos nos rendimentos são os precursores de épocas mais prósperas e a perspectiva de maior emancipação do campesinato. Rendimentos mais altos também significam que a agricultura é capaz de suprir as crescentes demandas de produtos alimentícios e não alimentícios. Portanto, ao nível macro, os rendimentos estão relacionados aos equilíbrios nacionais entre importação e exportação e, mais pertinentemente, com a questão estratégica da segurança alimentar. A edição da Thorner de *The Theory of Peasant Economy*, a obra mais conhecida e disseminada de Chayanov (pelo menos no mundo anglo-saxônico), quase não dá nenhuma atenção aos rendimentos e à intensificação – ambos são apenas citados rapidamente (ver, por exemplo, Chayanov, 1966, p.241). Isso reflete a situação russa documentada nas estatísticas *zemstov*. Naquela época, final do século XIX e início do XX, não havia escassez de terra na Rússia, principalmente considerando que as comunidades camponesas redistribuíam regularmente as terras. Consequentemente, as tentativas das famílias camponesas de elevar a produção e a renda se davam por meio da expansão da quantidade de terra que cultivavam. Contudo, em outras publicações, como *Essays About the Functioning of the Peasant Farm*[1] [Ensaios sobre o funcionamento da propriedade camponesa], de 1924, Chayanov discute o processo de intensificação em um escopo considerável. É uma pena que essa obra mal seja conhecida fora da Itália (foi republicada em italiano por Sperotto, em 1988): é fundamental para compreender as economias camponesas de hoje e, sobretudo, para compreender a intensificação estimulada pelo trabalho como uma expressão das lutas camponesas.

Intensificação é o processo que gera aumentos de rendimentos. É "cultivar dois brotos de grão onde apenas um cresce hoje" (Chayanov, 1988, p.115). Em seus ensaios, Chayanov compara a agricultura camponesa aos elevados níveis de rendimentos, observando uma diferença clara entre os níveis de intensidade dos empreendimentos

---

1   O título em russo se refere à "unidade de trabalho". Versões preliminares sugerem que essa alteração, de "unidade camponesa" para "unidade de trabalho", foi feita de última hora. A alteração provavelmente se deveu às polêmicas e tensões que, mais tarde, resultaram na deportação e morte de Chayanov. Infelizmente, a história parece não ter memória. Muitas décadas depois, o governo militar brasileiro (a partir do início dos anos 1970) baniu oficialmente a palavra *camponês*. Fazia uma alusão direta demais às Ligas Camponesas brutalmente reprimidas pelo mesmo governo militar.

agrícolas capitalistas e da agricultura camponesa: "o nível de intensidade da agricultura capitalista é muito inferior ao da agricultura camponesa" (ibid., p.117). Isso se deve a três mecanismos. Primeiro, a agricultura camponesa chega onde os empreendimentos capitalistas não entram, desbravando terras marginais e transformando-as em pastos ou terras aráveis. Para os empreendimentos capitalistas, aprimorar terras marginais, em geral, é algo não lucrativo (isso, claro, depende da taxa média de lucro na economia capitalista como um todo). Para os camponeses, trata-se muitas vezes de um mecanismo que permite o acesso à terra, terra esta que é formada pelas mãos do camponês (ibid., p.80).

Segundo, as unidades camponesas apresentam um nível muito mais elevado de formação de capital por unidade de terra (ver Capítulo 2), usando mais sementes, mais adubo e mais bois ou cavalos para tração por unidade de terra. "Na maioria dos casos, o agricultor aumentará o uso de elementos [tais] como sementes, fertilizantes, animais etc., a fim de produzir mais. Esses aumentos prevalecerão sobre os aumentos nas dimensões totais da unidade" (Chayanov, 1988, p.145). Isso é combinado a um uso mais intensivo da mão de obra por unidade de terra e, juntos, esses itens viabilizam rendimentos mais vultosos: "Quanto mais bem trabalhada for a terra (com mais profundidade e mais precisão), quanto mais ela for fertilizada e quanto mais bem cuidadas forem suas colheitas, mais intensiva será a unidade" (Chayanov, 1988, p.146).

Terceiro, a lógica que rege a organização da produção é radicalmente diferente. Uma fazenda capitalista busca maximizar o lucro, isto é, a diferença entre o valor bruto da produção e os custos, incluindo os custos de mão de obra. Na propriedade camponesa, o objetivo é maximizar o produto líquido ou a renda do trabalho: a diferença entre o valor bruto da produção e os custos dos insumos, excluindo a mão de obra (ibid., p.122). É fácil demonstrar que isso se traduz em diferentes níveis de intensidade (ver abaixo). Em suma, os camponeses promovem melhorias convertendo terra inativa em recurso produtivo, combinando-a com níveis mais elevados de trabalho e capital e orientando a produção na direção da mais alta intensidade possível de ser alcançada. Entretanto, eles só podem realizar tudo isso quando possuem o espaço político-econômico necessário (Halamska, 2004).

Promover aumentos de rendimentos está longe de ser um elemento de segunda ordem. Para Chayanov (1988, p.141) a elevação dos rendimentos foi parte do "desenvolvimento das forças produtivas" – a ser considerada explicitamente "como um fenômeno progressivo". As elevações nos rendimentos podem exigir "novas relações de produção" (ibid., p.142). Da mesma maneira, as relações sociais adversas de produção podem facilmente inibir a intensificação ou até provocar o oposto: extensificação.

Há um detalhe interessante em tudo isso, um detalhe central para compreender os debates recorrentes e controversos que aconteceram sobre a "relação inversa". A relação inversa se refere a pequenas unidades, tendo, de modo geral, níveis de intensidade mais altos do que as grandes fazendas. A verdade empírica disso, suas causas (desde que seja verdade) e suas implicações (exemplo: será que dividir uma grande propriedade em outras menores geraria um salto na produção total?) são todos temas inflamavelmente contestados (ver Sender; Johnston, 2004, e Woodhouse, 2010, para citar exemplos recentes). Para Chayanov isso não passa de um discurso vazio. Não se trata da diferença entre pequeno e grande. Como poderia um pequeno pedaço de terra ou uma pequena unidade de produção produzir por si mesma mais do que um pedaço ou unidade maior? Unidades pequenas ou grandes não possuem propriedades intrínsecas. Ainda que as unidades camponesas sejam, em maioria, (embora não necessariamente) menores do que as capitalistas, a diferença essencial não está no tamanho – está nos diferentes modos de produção. O modo de produção camponês pende para níveis de intensidade mais altos do que o capitalista, exatamente "porque existem diferenças radicais entre os objetivos das fazendas capitalistas e os das propriedades camponesas" (Chayanov, 1988, p.72).

A intensificação pode basicamente seguir duas trajetórias diferentes: pode ser estimulada pelo trabalho ou pela tecnologia. A agricultura camponesa é tipificada pela intensificação estimulada pelo trabalho. A trajetória oposta é a intensificação estimulada pela tecnologia, em que o aumento nos rendimentos é essencialmente resultante da aplicação de novas tecnologias e insumos associados. Poderíamos argumentar teoricamente que as duas não são incompatíveis e poderiam ser casadas. Entretanto, na vida real e dentro das relações socioeconômicas existentes, tendem a ser mutuamente excludentes (ver, por exemplo, Hebinck 1990, p.200). Isso não significa que não exista tecnologia na intensificação estimulada pelo trabalho ou nenhum trabalho na intensificação estimulada pela tecnologia. Contudo, cada uma pressupõe a elaboração e aplicação de técnicas contundentemente distintas. Retomarei essas diferenças cruciais mais adiante neste capítulo.

Box 5.1 – Conceitos básicos

Todos os processos de trabalho, inclusive os inseridos na agricultura, envolvem três conjuntos de elementos que interagem entre si. São eles, a força de trabalho, os objetos de trabalho e os instrumentos. O processo de trabalho transforma os objetos de trabalho em produtos que contêm mais valor – em geral, um tipo diferente de valor – do que o que tinha originalmente. Uma característica específica da agricultura é que os objetos de trabalho fazem parte da natureza. É o caso, por exemplo, da terra fértil que contém uma rica biologia no solo capaz de prover os nutrientes necessários para o crescimento da planta. A terra sempre é parte integrante de um ecossistema maior. Os animais (que fornecem leite, carne, tração e adubo), as plantas, as árvores frutíferas, os vinhedos etc. são outros objetos de trabalho que nitidamente representam a natureza. O mesmo se aplica à água, considerada pelo povo das comunidades camponesas andinas como "um ser vivo sagrado" (Vera Delgado, 2011, p.188).

A centralidade da natureza afeta intensamente os processos agrícolas de trabalho e produção. Introduz variabilidade e uma certa imprevisibilidade e requer ciclos permanentes de observação, interpretação, adaptação e avaliação. Tais atividades fazem parte do processo de trabalho artesanal cujo desdobramento gera novas descobertas decisivas para a produção e a reprodução da unidade (Sennett, 2008).

A força de trabalho necessária pode assumir diversas formas: homens, mulheres, crianças, vizinhos que se ajudam entre si. Ao participarem do processo de produção, representam a força de trabalho. O ponto importante é que o seu trabalho transforma os objetos de trabalho em itens mais úteis. Isso requer o uso de instrumentos (ou ferramentas).

Os instrumentos são usados para facilitar e aperfeiçoar o processo de trabalho. Assim como no caso dos objetos de trabalho e força de trabalho, pode haver uma enorme diversidade de instrumentos. Somados ao conhecimento presente na força de trabalho, os instrumentos perfazem uma técnica ou tecnologia. Nesse ponto é importante fazer a distinção entre tecnologias mecânicas e orientadas por habilidades (ver Box 5.3).

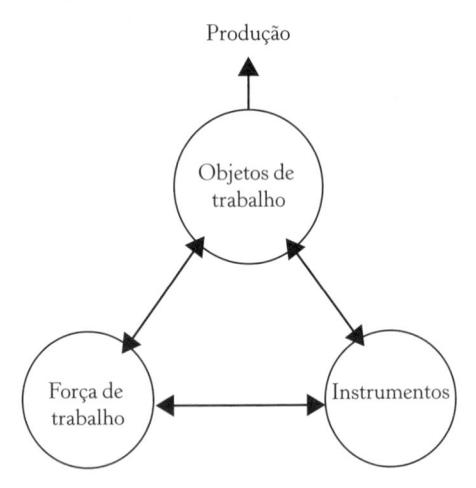

Existem muitas combinações possíveis entre força de trabalho, instrumentos e objetos de trabalho. A natureza dessas combinações depende das relações sociais de produção preponderantes. Tais relações estruturam o processo de trabalho: concedem a ele a dinâmica e a forma específica concreta de tempo e espaço. As relações sociais de produção também regem a distribuição da riqueza produzida. Essas relações sociais consistem em uma ampla gama de fatores, cuja influência pode variar imensamente. As relações de gênero podem ser um fator-chave, ou as tecnologias, ou as relações entre a indústria alimentícia e os agricultores, e assim por diante. Ao investigarmos os padrões concretos de agricultura, é sempre necessário examinar, dentro de uma conjuntura empírica específica, as influentes relações sociais de produção. Estas, de modo geral, são padrões extremamente complexos e continuamente mutáveis, compostos por diversos subconjuntos que interagem entre si.

A quantidade de valor gerado por objeto de trabalho (na agricultura também conhecida como rendimento) é compreendida, na agricultura, como o nível de intensidade. Quanto maior a produção por objeto de trabalho (exemplo: a quantidade de grãos produzida por hectare ou de leite por vaca), maior a intensidade. A intensificação se refere aos aumentos no rendimento e no processo pelo qual esses aumentos são alcançados. Existem muitas formas diferentes, e quase sempre extremamente contrastantes, de intensificar. As escolhas envolvidas são tema de debates acalorados e as retomarei neste capítulo.

Juntamente com a intensidade, a escala da agricultura é outro conceito-chave. Refere-se à relação quantitativa entre o número de objetos de trabalho e a força de trabalho necessária para convertê-los em produtos úteis (exemplo: o número de hectares por trabalhador ou o número de vacas leiteiras por trabalhador). A escala da agricultura depende dos instrumentos usados e, mais genericamente, das relações sociais de produção.

A inter-relação entre escala e intensidade (ver também capítulos 2 e 4) é outro tema extremamente debatido nos estudos camponeses. Esses critérios são, muitas vezes, usados para avaliar e comparar a agricultura camponesa com a agricultura corporativa de larga escala que, em geral, é considerada superior.

Existem trajetórias de desenvolvimento diferentes na agricultura. A agricultura pode se desenvolver por meio da intensificação

> contínua. Ou ela pode seguir um padrão diferente que diz respeito à ampliação da escala. E, claro, todos os tipos de formas intermediárias são possíveis. Hayami e Ruttan (1985) documentaram as diferentes trajetórias que podem ser observadas internacionalmente. Eles explicaram os padrões como reflexos de preços de fator relativo (isto é, os preços relativos de terra e trabalho). Se a terra é barata e a mão de obra é cara, a ampliação da escala dominaria (e vice-versa). Tal explicação foi categoricamente contestada.

Mecanismos atuais de intensificação estimulada pelo trabalho

As formas atuais de intensificação estimulada pelo trabalho estão fundamentadas em cinco mecanismos bastante interdependentes. O primeiro, já identificado por Chayanov, como vimos no Capítulo 2, foca a utilização de mais trabalho e mais capital por objeto de trabalho (ver Box 5.1 para mais detalhes sobre esse e outros conceitos). Mais mão de obra é utilizada por hectare ou por animal e mais ferramentas e insumos ("capital" no sentido chayanoviano) são empregados. Isso pode levar a mudanças nos esquemas de produção, nos modos de cultivo e/ou maior cuidado com os animais.

O preparo do solo, o cultivo e até mesmo as técnicas de colheita podem ser modificados em sua intensidade de trabalho e capital. Por exemplo, a mesma safra de batatas pode ser cultivada utilizando-se 40 ou 120 dias úteis de trabalho, com uma colheita correspondente; uma dessiatina de pousio pode ter mil a três mil lotes de esterco espalhados sobre ela, e assim por diante. (Chayanov, 1966, p.147)

Trabalho e capital (novamente, na acepção chayanoviana) são usados aqui de forma complementar: um não é usado como substituto do outro.

O segundo mecanismo envolve a sincronização exata dos processos agrícolas de produção. De um ponto de vista estritamente agronômico, a produção agrícola se baseia, e depende de, uma vasta gama daquilo que conhecemos como fatores de crescimento, como a quantidade e a composição de nutrientes no solo, sua transportabilidade, a capacidade de as raízes absorverem esses nutrientes, a disponibilidade de água e a sua distribuição ao longo do tempo. O cultivo milenar de trigo envolve mais de duzentos fatores de crescimento e, com o desenvolvimento do conhecimento científico, outros continuam surgindo. Unidades mistas, com cultivos e animais diferentes (e interações "secundárias"), envolvem milhares de fatores de crescimento.

É de extrema importância saber que esses fatores de crescimento não permanecem constantes ao longo do tempo, não simplesmente existiram desde o início dos tempos: estão em constante mutação, individualmente e como um todo. Isso porque estão constantemente sendo regulados, modificados e coordenados por meio do processo de trabalho. A quantidade e a composição de nutrientes, por exemplo, são modificadas através do trabalho do agricultor. A transportabilidade de nutrientes depende de como a terra foi arada e a disponibilidade de água é regulada pela irrigação e drenagem. Em suma, o "comportamento" dos fatores de crescimento é objeto de tarefas específicas que fazem parte do processo de trabalho.[2]

Os níveis de rendimento dependem do fator de crescimento mais limitador. A Figura 5.1 mostra a representação clássica desses fatores de crescimento como as ripas do casco de um barril. O rendimento, representado como o nível de água, depende da ripa mais curta.[3]

---

2 Essa observação foi uma das importantes bases da "agronomia social" desenvolvida nos anos 1930 e 1940 no noroeste da Europa e em algumas de suas colônias. Ela ajudou a compreender como os aspectos sociais e agronômicos fluem juntos em um único processo de coprodução e coevolução (ver Timmer, 1949, e Vries, 1931, ambos solidamente fundamentados em Chayanov). Portanto, uma integração de agronomia e ciências sociais em uma única "agronomia social" se torna teoricamente viável. Atualmente, a agroecologia pode ser considerada como a continuação e aprimoramento adicional desta trajetória.

3 A imagem da Figura 5.1 é utilizada desde Liebig. É bastante útil para fins didáticos. Entretanto, não dá conta das múltiplas interações e sinergias entre os fatores de crescimento específicos.

Figura 5.1 – Fatores de crescimento e níveis de rendimento

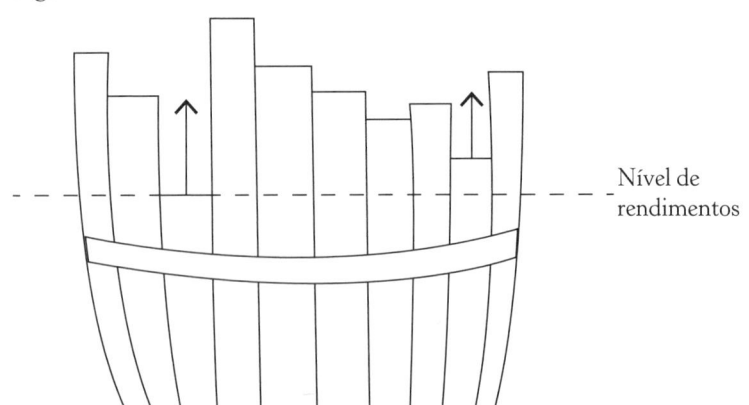

Nível de
rendimentos

Em sua rotina, os agricultores buscam continuamente a "ripa mais curta", representante do fator limitador. Através de complexos e extensos ciclos de observação, interpretação, reorganização, muitas vezes, em um primeiro momento, em forma de experimentos (ver Sumberg e Okali, 1997) e avaliação, o fator limitador é identificado e corrigido. Isso leva a uma mudança nas rotinas existentes que, se bem-sucedidas, aumentam o nível de rendimentos. Trata-se de um processo contínuo: uma vez que o fator limitador original foi "ampliado", surgirá outro como novo limite. A busca pela ripa mais curta e sua subsequente "reconstrução" é um processo que gera conhecimento. É conhecimento prático ou *art de la localité*, como Mendras (1970) denominou (ver Box 5.2). Esse tipo de conhecimento se desdobra por meio do processo de intensificação estimulada pelo trabalho, que ajuda a fomentá-lo e impulsioná-lo, enquanto é simultaneamente ampliado pelo processo resultante. Isso se aplica particularmente quando as condições variam de lugar para lugar. A *art de la localité*, ou conhecimento local, é extremamente específica de tempo e lugar; é artesanal e possui uma gramática muito distinta do conhecimento científico (sobretudo do tipo tecnocrático atual). É conhecimento que resulta em e é parte da habilidade. O agricultor é o portador desse conhecimento e habilidade. É, em geral, conhecimento *sans paroles*: conhecimento experimental que (ainda) não foi articulado em palavras claras. É também intimamente ligado às habilidades.

É importante observar que a busca por melhorias e os ciclos de observação, interpretação, reorganização e avaliação nada têm de empreendimentos individuais. Quase sempre vão além da propriedade individual. Podem envolver redes ampliadas de comunicação e compartilhamento de conhecimento. Podem abranger períodos consideráveis de tempo e também podem muitas vezes pressupor uma determinada divisão de trabalho. Essas redes são, como eram, o sistema neural da agricultura camponesa, transmitindo mensagens e recebendo informações de muitos pontos diferentes. Às vezes essas

---

Box 5.2 – Conhecimento local

Balas de canhão eram disparadas antes de os engenheiros militares compreenderem as leis da balística. Navios navegavam os oceanos muitos séculos antes de Arquimedes explicar a lei da pressão do empuxo em um corpo imerso em líquido. Diversas práticas se baseiam nas habilidades dos envolvidos e, muitas vezes, essas práticas são altamente dinâmicas porque as habilidades estão continuamente sendo desenvolvidas por meio da relação dialética com as práticas que inspiram. O conhecimento científico *strictu sensu* nem sempre é necessário para gerar novas práticas e/ou aprimorar as já existentes. Em geral, é o oposto: o conhecimento científico pode ser construído porque práticas ricas, heterogêneas e dinâmicas (de qualquer natureza) já foram desenvolvidas. A ciência se estrutura em tais práticas a fim de extrair e compreender as leis nelas implícitas. A partir disso, observa-se que a ciência não é a única fonte de conhecimento (embora seja uma fonte bastante poderosa). As habilidades são outra fonte, e o conhecimento local (*art de la localité*) pode ser uma importante parte desse processo. A intuição também exerce um papel importante aqui.

redes são transformadas em importantes mecanismos dentro de lutas sócio-políticas no campo (ver, por exemplo, Rosset et al., 2011).

O ciclo que percorre desde a observação até a avaliação de adaptações é fundamentalmente dependente do conhecimento, assim como ele amplia o estoque disponível sobre o conhecimento. Estamos lidando aqui com conhecimento experimental, prático ou local. Juntos, o processo contínuo de sincronia e o desenvolvimento resultante do conhecimento levam a um tipo particular de tecnologia, denominado por Francesca Bray (1986) como tecnologia orientada por habilidades (ver Box 5.3).

Do ponto de vista técnico, a sincronia bem-sucedida aumenta a eficiência técnica do processo de produção em que a mesma quantidade de recursos é usada para auferir um nível maior de produção. Esse aumento de eficiência técnica depende fundamentalmente da qualidade do trabalho.

Um terceiro mecanismo importante na intensificação orientada pelo trabalho está na melhoria sistemática dos recursos utilizados (Boelens, 2008). Um recurso pode ser aprimorado por meio de um equilíbrio cuidadosamente calibrado entre produção e reprodução. Isso, em geral, acontece de uma maneira gradual, embora às vezes ocorram saltos consideráveis – é quando ocorre um salto adiante abrupto e substancial. Seja como for, há um processo de melhoria nos campos (por meio da adubação, terraceamento, construção de instalações de irrigação e drenagem, nivelamento, aragem profunda etc.); fortalecimento da biologia do solo (aumentando assim a capacidade do solo de produzir nitrogênio); melhorando as raças para torná-las mais produtivas e mais bem adaptadas às circunstâncias locais (por meio de processos de seleção, cruzamentos e abatimento que se estendem por longos períodos de tempo); construção de novas instalações (para reduzir perdas de colheita, por exemplo); criação de novas variedades (por meio de plantio intercalar e cruzamentos espontâneos de espécies, testes e multiplicação); disseminação do conhecimento local; desenvolvimento de habilidades; e desdobramento de novas redes. Na prática, essas melhorias em geral fluem juntas com as atividades que pertencem ao primeiro e ao segundo mecanismos (mais trabalho e mais capital por objeto de trabalho e sincronização, respectivamente). Contudo, precisamos analisar esse processo separadamente. É o terceiro mecanismo (melhorias) que permite que os objetos de trabalho absorvam mais trabalho e capital (isto é, o primeiro mecanismo). Por sua vez, a melhoria dos recursos quase sempre ocorre na sequência dos ciclos do segundo mecanismo, que tenta identificar a ripa mais curta do barril.

Box 5.3 – O contraste entre tecnologias mecânicas e orientadas por habilidades

A visão de mundo ocidental quase sempre associa a tecnologia a rendimentos físicos mais elevados e eficiência técnica. No entanto, como mostrou Francesca Bray (1986) em seu belo estudo sobre as "economias de arroz", nem sempre é necessariamente assim. Bray faz uma distinção entre as tecnologias mecânicas e as orientadas por habilidades. As tecnologias orientadas por habilidades usam instrumentos relativamente simples (ver Box 5.1) combinados com as habilidades e o conhecimento das pessoas que trabalham com eles. No caso das tecnologias mecânicas, é exatamente o oposto: enquanto os instrumentos são supersofisticados (por exemplo, máquinas automáticas de ordenha), requerem pouquíssimo conhecimento para serem operados. Assim sendo, as tecnologias mecânicas ocasionam o afastamento das habilidades.

Um quarto mecanismo, intimamente associado com aqueles discutidos até agora, porém apresentados separadamente aqui, é a produção inovadora. As inovações estão

localizadas na fronteira que separa o conhecido do desconhecido. Uma inovação é algo novo: uma nova prática, uma nova descoberta, um resultado inesperado, porém interessante. É um resultado, uma prática ou uma descoberta promissora. Ao mesmo tempo, as inovações ainda não são totalmente compreendidas. São desvios da regra. Não correspondem ao conhecimento acumulado até então. (Ploeg et al., 2004, p.200)

Citando Rip e Kemp (1998), inovação é "uma nova configuração que tende a funcionar".[4] Ao longo dos séculos, os agricultores obtiveram aumentos constantes nos rendimentos por meio da produção inovadora. Esse processo foi amplamente documentado: Jingzhong (2002) apresenta um relato informativo sobre a produção inovadora na China nos anos pós descoletivização (ver também Jingzhong; Yihuan; Long, 2009); Osti (1991) e Milone (2004) documentaram a produção inovadora na periferia da agricultura europeia; Adey (2007) faz o mesmo para o sul da África; e Wiskerke e Ploeg (2004) apresentam uma visão geral.

As inovações costumam permanecer ocultas nas práticas agrícolas locais. Sua disseminação pode ser lenta e limitada. No entanto, as inovações também podem ser identificadas e absorvidas por pesquisadores que as testam e as desenvolvem ainda mais e terminam reintroduzindo-as, em uma versão aprimorada e consolidada, ao setor agrícola. Esses fluxos (e a resultante cooperação entre cientistas e agricultores) provaram-se mecanismos extremamente poderosos. No entanto, após a Segunda Guerra Mundial, quando as ciências agrárias começaram a seguir um caminho com um viés muito mais tecnológico, passaram a ser a exceção e não a regra. Atualmente, a agroecologia (Altieri, 1990; Altieri; Funes-Monzote; Petersen, 2011) lidera o caminho da elaboração das inovações e seu desdobramento em melhorias exequíveis de forma mais disseminada.

---

4   O impacto das inovações foi expresso pelo conceito da eficiência X (Yotopoulos, 1974). A eficiência X descreve um desempenho econômico superior, no qual os resultados econômicos superam aqueles que podem ser explicados por fatores disponíveis de produção e tecnologia. A eficiência X é a "parte desconhecida" (daí o X). As inovações são um ingrediente decisivo na criação da eficiência X. Podem melhorar o desempenho da economia, impulsionar a "função de fronteira" (Timmer, 1970) e são decisivas na "mudança tecnológica isoladamente" (Salter, 1966).

As inovações podem ser incrementais, fundamentando-se umas nas outras e resultando em aumentos de rendimentos pequenos e cumulativos. Da mesma maneira, podem ser radicais: introduzindo mudanças completas em práticas preexistentes e blocos de conhecimento e gerando saltos abruptos e significativos nos níveis de rendimento. Um exemplo atual de tal inovação radical poderia ser representado pelo sistema de intensificação do arroz (SRI), "um conjunto de práticas e princípios, em vez de uma tecnologia, a ser seguido e implementado de maneira flexível e em resposta às diversas condições agroecológicas e socioeconômicas enfrentadas pelos agricultores" (Stoop, 2011, p.445). É revelador que o "SRI tenha surgido em relativo isolamento do sistema reinante internacional da agronomia do arroz" (Maat; Glover, 2012, p.132). O SRI, na verdade, emergiu da cooperação entre Laulanié, um padre francês com conhecimento em agronomia, e produtores de arroz em Madagascar. Nasceu da escassez e das adversas condições climáticas. Toda e qualquer etapa da atividade produtiva de arroz na região intuitivamente parece ser contraproducente. A prática envolve plantar mudas bastante jovens, espaçar as fileiras em largas áreas, alternar regimes de solo seco e úmido (em vez de manter o alagamento permanente), usar fertilizantes orgânicos no lugar de minerais e capinar frequentemente. Contudo, somadas, essas mudanças geraram saltos espetaculares nos rendimentos que são acompanhados por consideráveis reduções de custos e, juntos, esses fatores explicam a ampla disseminação do SRI, hoje praticado em muitos países. Se fizermos uma análise retroativa, o SRI representa uma mudança de paradigma: é um movimento definitivo de distanciamento do modelo que defende que mais plantas por hectare e mais fertilizantes são as formas de alcançar rendimentos agrícolas mais elevados. Em contraste com as variedades promovidas pela Revolução Verde, as cultivares usadas no SRI se baseiam em suas características de perfilhamento com ênfase no desenvolvimento de um sistema de enraizamento abundante.[5]

---

5 Este é um importante contraste com as cultivares insensíveis à luz de palha curta que ocupavam o centro da Revolução Verde. O "moderno" cultivo de arroz,

Esses sistemas de enraizamento mais bem desenvolvidos e mais ativos aumentam a tolerância à estiagem bem como a eficiência na absorção de nutrientes e, portanto, reduzem a utilização de fertilizantes (Stoop, 2011, p.448). Ao mesmo tempo, produzir um suprimento saudável de matéria orgânica de solo fortalece as associações benéficas entre as raízes e a biota do solo.

O SRI é uma mudança radical, de longo alcance, convincente e poderosa que foi criada a partir da práxis e fora do universo da ciência agrária institucionalizada. Em princípio foi negligenciado, para não dizer deliberadamente ridicularizado, pelo corpo científico. Retomarei esse tópico quando discutir o "fantasma" que parece ser uma das maiores limitações da intensificação estimulada pelo trabalho: a chamada "lei dos rendimentos decrescentes".

Os mecanismos cinco e seis se referem ao cálculo específico usado na agricultura camponesa para otimizar a produção agrícola (ver Box 2.4, p.51, e a centralidade dos "bons rendimentos"). Os camponeses batalham pela maior renda de trabalho possível, o que difere significativamente da busca pelo maior lucro possível sobre o capital investido (Chayanov, 1988, p.73). Com isso, orientam os outros quatro mecanismos (que carregam a intensificação) ao máximo possível.

Partindo do conceito desenvolvido por Chayanov, tentarei explicar esse ponto fundamental em duas etapas. A primeira etapa usa uma função simples da produção, como mostra a Figura 5.2. Ela descreve as relações físicas de insumo/produção que caracterizam a produção de, por exemplo, cevada, em um dado momento. Após mais ajustes, ou quando alguma inovação for criada, é bastante possível que a função mude, porém neste momento específico ela se dá conforme representação na Figura 5.2. Vamos supor que uma unidade de produção renda 1 euro. O mesmo se aplica aos insumos: uma unidade custa 1 euro. O insumo de trabalho (digamos em horas) também é dado, abaixo do eixo x. Vamos supor que uma hora de trabalho (no

---

conforme definido pela Revolução Verde, envolvia uma mudança da energia solar e da mão de obra humana na direção do uso significativamente maior de energia fóssil na forma de fertilizante químico. O SRI volta a se basear na biologia do solo, na energia solar e no conhecimento local.

caso de trabalho assalariado) também seja igual a 1 euro. O total de custos se refere ao custo dos insumos utilizados mais os custos de mão de obra.

Figura 5.2 – Uma função da produção

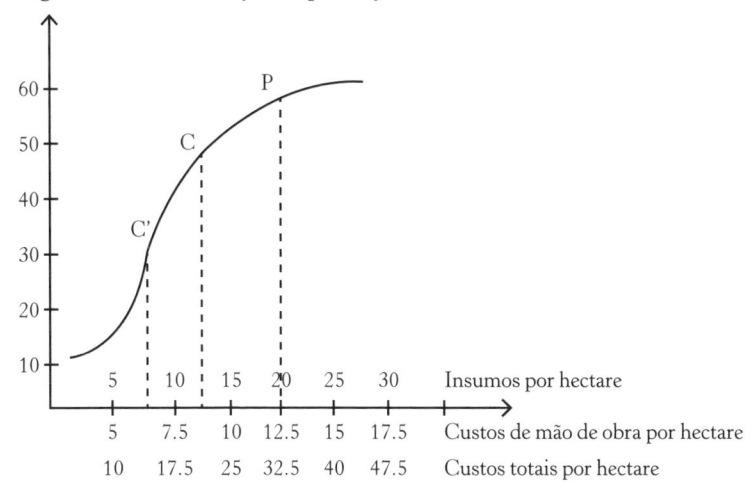

Bom, se a produção de cevada estivesse localizada em uma unidade de produção camponesa, o camponês iria, se possível,[6] para o nível de insumo 20, que rende uma produção de 58 euros (no ponto P da função de produção). Por quê? Porque ir mais além seria imprudente: passando do nível de insumo 20 para 25, ele gastaria 5 euros a mais, porém ganharia apenas 4 a mais. Por outro lado, passar de 15 a 20 custa 5 euros e rende 6. Portanto, ao nível do insumo de 20 (ou um pouco além) ele obterá a renda de trabalho mais alta possível (produção menos insumo). Nesse caso, sua renda de trabalho será de 38 euros (a diferença entre 58 e 20).

Se a mesma produção fosse cultivada em um empreendimento agrícola capitalista, tudo seria calculado de outra forma. O

---

6 As exigências fundamentais aqui são que o camponês tenha recursos suficientes para comprar 20 euros em insumos, que as condições climáticas permitam que a produção cresça bem e que a água da irrigação não seja tomada por outros mais poderosos.

empreendedor não estaria interessado em maximizar a renda de trabalho, mas em otimizar o lucro sobre o capital investido. O maior lucro (considerado isoladamente) surge por volta do nível de insumo 12 (que está no ponto C). Dirigir-se para esse ponto implica que benefícios extras são mais altos que o total de custos, o que inclui insumos, bem como trabalho assalariado; além desse ponto, os benefícios extras são mais baixos do que os custos extras. No nível ideal de insumo (12), o lucro é de 27 euros (48 – 21). O maior retorno sobre o investimento (isto é, a lucratividade mais elevada), porém, surge nos níveis mais baixos de investimento em insumo e mão de obra e, como consequência, resulta em um nível de produção mais baixo. O lucro líquido como porcentagem do total de custos é de cerca de 135% ao nível de insumo de 7,5 (isso está no ponto C'); ao nível de insumo 12, é de cerca de 120%. Isso demonstra que, em um mundo teórico, os camponeses atingem níveis mais elevados de intensidade do que os agricultores capitalistas. O primeiro produz no ponto P da Figura 5.2, e o segundo no ponto C ou C'. Isso porque o modo de cálculo é diferente. O camponês está interessado em otimizar a renda do trabalho (produção total menos insumos). O agricultor capitalista busca o retorno mais alto (produção total menos insumos e salários). A primeira equação direciona o camponês para o ponto P, a segunda orienta o empreendedor para o ponto C'.

Claro que tudo isso é extremamente hipotético. Há muitos motivos pelos quais o declive das funções de produção pode divergir entre camponeses e empreendedores. Pode haver preços diferenciados ou despesas específicas ou políticas agrícolas e sistemas de apoio mais favoráveis a um grupo do que a outro. A questão, porém, é que sob condições iguais, os camponeses produzem em níveis mais altos de intensidade do que os agricultores capitalistas.

Na vida real, "condições iguais" raramente são encontradas – sobretudo na agricultura de hoje, em que os camponeses trabalham paralelamente a poderosos grupos capitalistas. Também é importante observar que os camponeses e os empreendedores capitalistas raramente usam os mesmos modos de produção. Estes possuem cada vez mais acesso às tecnologias que estão além do alcance dos camponeses.

Também são grandes as chances de isso manchar a "relação inversa", embora este não seja necessariamente o caso.

No início dos anos 1980, eu me familiarizei com a produção de arroz no litoral peruano. Na época era possível distinguir quatro níveis tecnológicos. Eles estão resumidos na Figura 5.3.

A primeira coluna ilustra a situação em que o agricultor transplanta as mudas em vez de plantar as sementes diretamente na terra. Tal opção demanda muito mais trabalho – embora poupe trabalho no momento de capinar – e resulta nos rendimentos mais altos. A maioria dos insumos usados (por exemplo, sementes, esterco) é produzida na própria unidade. Trata-se de um padrão bastante comum nas unidades camponesas. Eles não veem a grande utilização de mão de obra como um problema: rendimentos elevados asseguram uma boa renda de trabalho.

Figura 5.3 – Tecnologias, rendimentos e níveis de custo

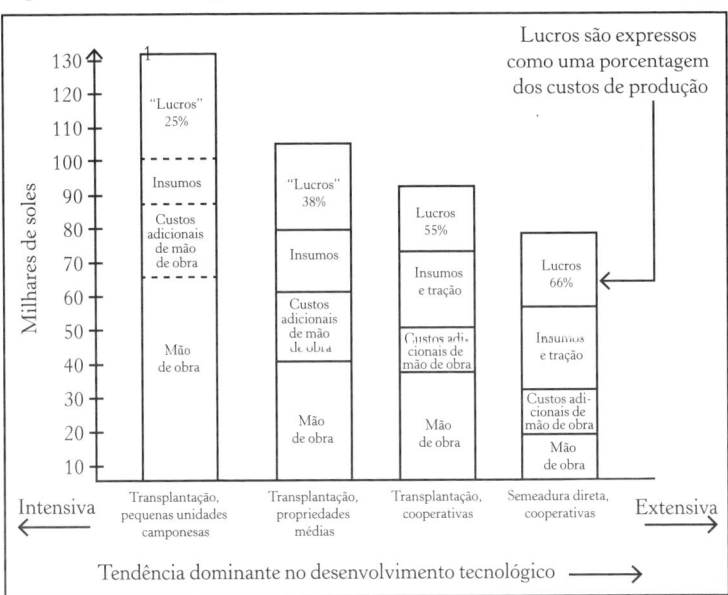

A segunda e a terceira colunas (referentes às cooperativas e às propriedades de médio porte) combinam a transplantação de mudas com

128 JAN DOUWE VAN DER PLOEG

um uso mais intenso dos insumos adquiridos no mercado (sobretudo fertilizantes e herbicidas) e mais mecanização (ver os custos de tração no terceiro perfil). A mão de obra (principalmente no terceiro caso) é mão de obra assalariada.

A quarta coluna adota a semeadura direta mecanizada (pode ser feita até com uma pequena aeronave). Sempre que viável, as outras tarefas, como colheita e proteção da safra, também são mecanizadas. Os rendimentos são muito mais baixos, sobretudo se comparados aos das unidades camponesas. No entanto, a lucratividade (a razão de lucros e custos) é a mais elevada nesse caso, ainda que os lucros sejam, em termos absolutos, menores do que no segundo perfil (66% *versus* 38%). Portanto, a combinação entre a ausência de disponibilidade do banco agrário em financiar gastos elevados por hectare e uma administração que vise a um alto retorno sobre o investimento (que também o torna altamente avesso ao risco) introduz rendimentos mais baixos – paradoxalmente por meio do emprego das tecnologias mais "modernas".

Foi só depois de muitas lutas sociopolíticas que os trabalhadores de algumas cooperativas conseguiram convencer a administração a inserir "a criação do emprego produtivo" como um objetivo principal. Isso levou algumas grandes cooperativas a recorrer ao primeiro perfil tecnológico, "pintando os campos de verde e ajudando o Peru a se alimentar", como meu compadre Perez dizia na época (ver Ploeg, 1990, p.205-58).

O significado e o alcance da intensificação estimulada pelo trabalho

O alcance potencial dos cinco mecanismos discutidos anteriormente – e portanto, o potencial da intensificação estimulada pelo trabalho – foi muitas vezes negligenciado ou gritantemente subestimado nos estudos camponeses e outras disciplinas relacionadas, como a economia agrária e de desenvolvimento. Um dos principais conceitos usados em todas essas disciplinas é a lei dos rendimentos decrescentes.

Ela se fundamenta, basicamente, na lógica marginalista segundo a qual à medida que se adicionam mais recursos (por exemplo, aplica-se mais mão de obra por hectare), obtém-se cada vez menos produção extra. Em um determinado ponto, a relação pode até se tornar negativa. Quando aplicados à sociedade camponesa como um todo, esses rendimentos decrescentes se transformariam em involução estrutural, exatamente o oposto do desenvolvimento. Em um primeiro momento, o argumento dos rendimentos decrescentes parece convincente. Se um excesso de sementes for plantado na terra, as plantas simplesmente desalojarão umas às outras, um excesso de fertilizantes será capaz de intoxicar o solo e um excesso de água acabará afogando as plantas. Contudo, os camponeses não querem ser vistos como o idiota do vilarejo. Evitarão o uso excessivo de determinados insumos e, em vez disso, buscarão a "ripa mais curta" e reorganizarão a prática agrícola de modo a intensificar sem cair na armadilha dos retornos decrescentes.

Na teoria da ecologia da produção, argumenta-se que os rendimentos decrescentes são a exceção e não a regra (Wit, 1992). Na agricultura, os rendimentos decrescentes desencadeiam a busca por novas soluções e são os motivadores de novos avanços (como o SRI). Então a agricultura salta na direção de uma nova função localizada em um nível de produtividade mais elevado (ver Figura 5.4). E uma vez que uma nova solução tenha se voltado contra seus próprios limites, o mesmo procedimento básico se repete. Assim sendo, surge uma trajetória geral caracterizada por retornos crescentes (como ilustra a Figura 5.4). Tais retornos crescentes acabam atingindo limites naturais, basicamente associados à disponibilidade de luz e os limites superiores da fotossíntese em que se baseia todo crescimento das plantas (não confundir com os limites relacionados à sustentabilidade). No entanto, a agricultura, onde quer que exista, está longe de atingir tais limites naturais.

Ironicamente, Lenin foi um dos primeiros a prever essas descobertas da agronomia teórica de hoje. Enquanto Chayanov (1988, p.88) escrevia a lei dos rendimentos decrescentes, Lenin (1961, p.109; grifos no original) já em 1906 argumentava que a lei dos rendimentos decrescentes era

Figura 5.4 – Retornos decrescentes como um caso isolado, não a regra

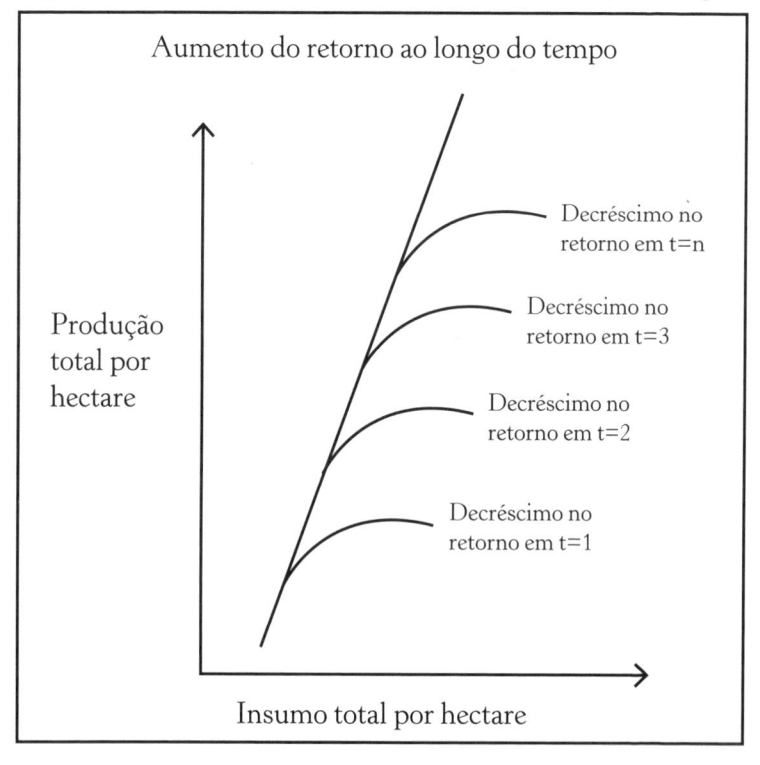

uma abstração vazia, que ignora o mais importante – o nível de desenvolvimento tecnológico, a situação das forças produtivas. Na verdade, o próprio termo "investimentos adicionais de trabalho e capital" *pressupõe* mudanças nos modos de produção, reformas na técnica [...] [N]ovo maquinário deve ser *inventado* e deve haver novos modos de cultivo da terra, criação de gado, transporte de produtos, e assim por diante. Claro que "investimentos adicionais de trabalho e capital" podem ocorrer, e de fato ocorrem, mesmo quando a técnica de produção foi mantida no mesmo nível. Nesses casos, a "lei dos rendimentos decrescentes" se aplica *até um certo ponto*, isto é, no sentido de que a técnica de produção inalterada impõe limites relativamente muito baixos sobre o investimento de trabalho e capital adicionais.

Logo, em vez de uma lei universal, temos uma "lei" extremamente relativa – tão relativa, na verdade, que nem pode ser chamada de "lei" ou até uma característica fundamental específica da agricultura.

Segundo Lenin, tudo isso explica "porque nem Marx e nem os marxistas mencionam essa 'lei', e apenas representantes da ciência burguesa [...] fazem tanto estardalhaço sobre o assunto" (ibid., p.110). Desde a instauração dessa polêmica, a agricultura camponesa se mostrou repetidas vezes capaz de desviar de rotas que a levassem aos rendimentos decrescentes e de criar uma trajetória que gerasse rendimentos maiores (ver, por exemplo, Richards, 1985; na África ocidental e, mais genericamente, Netting, 1993). No entanto, o campo dos estudos rurais ainda é assombrado pelo fantasma dos rendimentos decrescentes (ver, por exemplo, Warman, 1976; Xu, 1999; Barrett; Reardon; Webb, 2001).

Quando a intensificação estimulada pelo trabalho é bloqueada

A possibilidade de aumento dos rendimentos (ver Figura 5.4) não significa que estagnação, regressão e até involução não podem acontecer. Pelo contrário. A questão é que não são características intrínsecas da agricultura camponesa. Tornam-se uma característica da agricultura camponesa como resultado de determinados padrões e regimes político-econômicos.

A estagnação pode ocorrer por vários motivos. Pode ser um resultado de relações de troca extremamente desiguais. A situação impede que o campesinato faça qualquer reavaliação do equilíbrio entre utilidade e penosidade, pelo simples fato de que toda a utilidade é apropriada por outros. Também pode acontecer porque a água é usurpada (Vera Delgado, 2011) ou sempre que a agricultura camponesa está presa em países como África do Sul durante o *apartheid* ou quando pequenos "bolsões" de produção de arroz estão localizados perto de plantações voltadas à exportação como na Indonésia colonial (onde Clifford Geertz, 1963, elaborou a teoria sobre a involução agrária). A regressão acontece sempre e em todo lugar em que a pobreza rural é tão intensa que a única esperança vislumbrada pelos filhos e filhas é fugir para as cidades para trabalhar como serviçais ou se prostituir. Logo, não sobra ninguém para carregar o adubo para os campos, cuidar do gado ou fazer a manutenção dos diques que cercam as plantações de arroz (como aconteceu no Senegal, na Gâmbia e em Guiné Bissau). A regressão também ocorre em sociedades extremamente patriarcais, em que a recomendação das mães às filhas é "case-se com quem quiser, desde que não seja um camponês" (foi o que aconteceu em grande parte da Espanha, regiões que hoje estão quase completamente desertas e desertificadas).

A agricultura camponesa também regride sempre que novas tecnologias de alto capital são empregadas em empreendimentos agrícolas corporativos de grande escala, estejam onde estiverem, permitindo assim que elas superem as unidades camponesas produzindo os mesmos produtos e afastando-as do mercado. Isso ocorre, sobretudo, quando há o predomínio de acordos de livre comércio e quando os danos ambientais não são levados em consideração.

Essas formas de involução, estagnação e/ou regressão são todas expressões da questão agrária. Referimo-nos à questão agrária quando há um desequilíbrio das relações entre, de um lado, o modo de fazer agricultura (a organização concreta do setor agrícola) e, de outro lado, a sociedade, a ecologia e os interesses e perspectivas daqueles diretamente envolvidos na agricultura. Nos exemplos discutidos anteriormente, os camponeses enfrentam a pobreza, enquanto a sociedade não recebe o alimento extra de que necessita (o que também pode prejudicar o processo de acúmulo de capital). Em 1917, Chayanov dedicou um importante artigo à questão agrária *Čto takoe agrarnij vopros?* [Afinal, qual é a questão agrária?] no qual ele associa o surgimento da questão agrária à maneira como as relações sociais de produção são organizadas (Chayanov, 1988, p.131-72). Isso nos leva a outra importante conclusão: que a reforma agrária necessariamente implica uma meticulosa reorganização dessas relações. Não pode ser reduzida a uma mera distribuição de terras (não foi à toa que Chayanov repudiou o lema populista "terra para quem nela trabalha", que mais tarde viria a ter um papel tão importante na América Latina). As reformas agrárias precisam ter como objetivo "a máxima produtividade de trabalho na agricultura", uma "redistribuição democrática da renda nacional" (supostamente trazendo implícita uma correção das relações enviesadas entre cidade-campo) (ibid., p.142) e, finalmente, precisam evitar "que qualquer dessiatina fique sem plantar ou que o gado seja abandonado ou abatido" (ibid., p.158). Reforma agrária implica socialização da terra (ibid., p.156), que não pode ser concretizada por meio de um tipo de "absolutismo ilustrado" (uma crítica aguçada, *avant la lettre*, do leninismo e do stalinismo) mas deve "resultar do envolvimento de conselhos eleitos local e democraticamente" (ibid., p.164). "Somente assim contribuições suficientes à formação e ao desenvolvimento do Estado podem ser efetivadas" (ibid., p.172).

O que impulsiona a intensificação estimulada pelo trabalho?

A resposta a essa pergunta é simples. A intensificação é estimulada pela tentativa do campesinato de melhorar a renda ou, mais especificamente, pela sua busca de valor agregado adicional a fim de melhorar a renda do trabalho (Hayami, 1978; ver também o Capítulo 2 desta obra). Sempre e em qualquer lugar que o campesinato tenha aspirações de melhorias e essas aspirações não sejam inibidas por relações sociais desfavoráveis, isso se traduz em, e ocorre por meio de, um aumento na produção. Essa é uma das questões fundamentais levantadas por Chayanov. Ele também demonstrou essa inter-relação empiricamente (ver, por exemplo, Chayanov, 1966, p.99 e principalmente a tabela 3-13). Se houver mais "trabalhadores na família" (no que se refere ao equilíbrio entre trabalho e consumo) e se houver mais "capital fixo por trabalhador" (no que se refere à formação de capital e ao equilíbrio entre utilidade e penosidade no qual se baseia), então a "renda familiar total" também aumenta. Isso porque "mais trabalhadores na família" e "mais capital por trabalhador" se traduzem em um aumento da "área semeada por consumidor" e, portanto, em maior produção (se não houver terra extra disponível, isso se traduzirá em intensificação para alcançar rendimentos maiores). Em suma, os aumentos na produção de alimentos conectam a emancipação do campesinato ao progresso da humanidade como um todo – e é justamente essa conexão que moldou a história agrária.

Hoje, como no passado, há muitas situações em que a renda (do trabalho) das famílias camponesas pode estar sob um estresse considerável. Isso se dá por diversos motivos: pressão de custo, falta de acesso aos mercados, tributação pesada ou muitos outros. Nessas situações, a busca por rendas melhores se torna parte de uma luta social multifacetada. "A família agricultora usa, dentro do possível, todas as oportunidades de sua posição natural e histórica e da situação de mercado em que se insere" (Chayanov, 1966, p.120). Quando pressões externas ameaçam a continuidade da unidade familiar, a busca por mais valor agregado é parte de uma resistência mais geral.

A intensificação e o papel das ciências agrárias

Há duas narrativas básicas que podem ser usadas para explicar as inter-relações entre ciências agrárias e crescimento agrário. Nesse enredo hegemônico, as dinâmicas da agricultura (e obviamente os aumentos contínuos na produtividade) ocorrem essencialmente por causa de um fluxo constante de inovações que perpassa a ciência e ingressa na prática da agricultura. Esse enredo minimiza significativamente o papel dos próprios camponeses, ignorando quase por completo qualquer participação que possam ter. Podemos encontrar exemplos evidentes nos diversos estudos que tentam avaliar a razão custo-benefício da pesquisa agrícola. Tais estudos simplesmente consideram todos os aumentos de produtividade na agricultura como "benefícios" e os relacionam aos "custos" incorridos para pesquisa agrícola e desenvolvimento tecnológico. Os camponeses em si são excluídos desse cenário e os resultados de seus esforços são atribuídos exclusivamente às ciências agrárias.

É possível também distinguir uma segunda narrativa, diametralmente oposta à que acabamos de citar. Trata-se de uma narrativa menos elaborada e mais embrionária, que não encontra apoio das universidades ligadas à agricultura, agroindústrias, ministérios da agricultura e outras instituições. Apesar disso, suas raízes e expressões podem ser encontradas em diversos lugares. A *Agronomia social* de Chayanov (1924) é uma importante expressão disso. Ao elaborar a sua agronomia social, Chayanov se baseou na obra de agrônomos como o italiano Bizzozzero, que estavam profundamente envolvidos na prática agrícola. A agronomia social não tardou a se tornar um ponto de referência para outros, sobretudo na Europa, pelo menos até a deflagração da Segunda Guerra Mundial. Após a guerra, a hegemonia das ciências agrícolas norte-americanas indicava o desaparecimento da agronomia social, tanto como prática, quanto como ponto de referência. Apenas mais recentemente tais práticas estão sendo restabelecidas e a sua relevância sendo redescoberta.

A segunda narrativa defende basicamente que a maior parte da renovação agrícola advém das práticas agrícolas. Segundo essa visão, a propriedade é a principal origem das inovações, não o destino final. Os métodos inovadores de produção geram novas descobertas, práticas, artefatos e técnicas. Alguns são adotados por instituições de pesquisa, que os aperfeiçoa e dissemina. Esse processo pode ser "amistoso", aprimorando as inovações para que possam ser circuladas em uma escala maior. Mas também pode ser uma assimilação "hostil", selecionando e se apropriando de alguns que podem ser reconstruídos e patenteados de um modo que sirva aos interesses de outros sujeitos além dos criadores e suprimindo ou ignorando as inovações que não podem ser apropriadas.

Muitos estudos apoiam esse enredo no qual o campesinato é o principal produtor de inovações. Essas narrativas enfatizam a interação entre camponeses e institutos de pesquisa. Paul Engel (1997) examinou as origens das ideias inovadoras comunicadas por extensionistas holandeses aos agricultores holandeses. Ele descobriu que 40% dessas ideias vieram diretamente das práticas inovadoras desenvolvidas por agricultores pioneiros. Outros 40%, de outros extensionistas que, por sua vez, obtiveram a maior parte de suas novas ideias de agricultores. Somente 20% derivaram diretamente de estações de pesquisa e afins.

Vijverberg (1996) estudou a dinâmica da pesquisa horticultural na Holanda. Ele fez uma distinção entre as inovações originalmente propostas por produtores da horticultura, ou por eles adotadas, e aquelas propostas por pesquisadores ou originadas da ciência de um modo geral e/ou outros setores econômicos. As da primeira categoria resultaram na disseminação positiva e generalizada, enquanto as do segundo tipo quase sempre foram um fiasco. Era comum a incompatibilidade com a prática: as novas técnicas e/ou artefatos não combinavam com o horizonte de relevância dos produtores da horticultura; não serviam às condições dentro das quais os agricultores operam, seus interesses e perspectivas e o modo específico em que o processo de trabalho é estruturado.

As constatações de Vijverberg ressoam, em linhas mais gerais, em Mazoyer e Roudart (2006, p.398) que, após analisarem diferentes trajetórias históricas de mudanças na agricultura, concluíram que

> nenhuma máquina, nenhum produto, nenhum procedimento pode ser projetado e desenvolvido sem recorrer à experiência adquirida e à participação ativa dos próprios técnicos e profissionais. O funcionamento adequado da cadeia de inovações exige que pesquisadores, professores e alunos em todos os níveis conheçam a prática intimamente, suas limitações e necessidades. Caso contrário, muitas invenções acabam sendo inadequadas, são rejeitadas e se tornam um desperdício inacreditável de recursos.

Apesar dessas lições históricas, as experiências, visões, interesses e perspectivas dos profissionais são quase sempre negligenciadas. Isso ocorre especialmente quando os interesses agroindustriais se tornam a estrutura que determina a arquitetura de inovações. Isso pode levar à interrupção de alternativas promissoras e pode desvirtuar fortemente o crescimento e o desenvolvimento agrário.

Não obstante as diversas experiências negativas e a despeito das alternativas promissoras, as ciências agrárias que atuam em pleno isolamento continuam ocupando uma posição central no discurso hegemônico (e abocanhando a maior parte dos recursos disponíveis). Um dos pilares dessa hegemonia é a alegação de que apenas a ciência e o capital serão capazes de alimentar o mundo em 2050 – retomarei essa tese ao final deste capítulo. Há outros três fatores que parecem sustentar solidamente a narrativa que mantém a posição central das ciências agrárias. São eles, a invenção dos fertilizantes químicos e a associada "quimicalização da agricultura" (Mazoyer; Roudart, 2006, p.376), a mecanização da agricultura e o desenvolvimento de variedades de altos rendimentos.[7] Os três, ao que parece, produziram saltos significativos e duradouros nos avanços na produtividade agrícola que, supõe-se, genericamente, jamais poderiam ter sido criados pelos próprios agricultores. Esses três exemplos são usados como evidências do enorme poder e potencial das ciências agrárias.

Em relação ao primeiro fator, é importante reconhecer que há anos os agricultores aprimoram a fertilidade do solo – muito antes de von Liebig descobrir os princípios que regem a fertilização química. "A agricultura que exclui o pousio (porque reproduz ativamente a fertilidade do solo) foi praticada desde o século XV em Flanders, Brabant e Artois, sem configurar como criação de algum agrônomo" (Mazoyer, Roudart, 2006, p.347). Segundo Chambers e Mingay (1966, p.2), a Revolução Agrária da Grã-Bretanha (1750-1880), que testemunhou a agricultura aumentar a produção e alimentar 6,5 milhões de pessoas a mais em 1801 do que um século antes, "não foi, em nenhuma medida significativa, resultado de inovação [exógena]".

Não se pode afirmar que a agricultura inglesa vivenciou uma revolução com base na inovação tecnológica. Com exceção de um turbilhão aqui e ali, a "onda de equipamentos" que supostamente

---

7 Esses três exemplos correspondem aos principais mecanismos do que Mazoyer e Roudart (2006, p.375) denominam a "segunda revolução agrícola dos tempos modernos". São eles: motorização e mecanização; fertilizantes sintéticos; e seleção de sementes (ver Mazoyer; Roudart, 2006, p.375 et seq.).

varreu a Inglaterra passou por ela até uma boa parte do século XIX [...] Já nos anos 1800 [...] os agricultores e proprietários de terra ingleses conquistaram o feito de liberar os poderes latentes do solo em uma escala inédita na história humana. (ibid., p.3)

Isso começou

com o desenvolvimento da agricultura conversível, envolvendo a alternância entre regiões aráveis e capim em vez da antiga divisão de área cultivada entre permanentemente arável e permanentemente capim, que tendia a minar a fertilidade de ambos. A agricultura alternada implicava a prática de agricultura arável para cultivo de forragem, isto é, a colocação de capim das partes do arável em pastagens temporárias e a semeadura de legumes como trevo ou luzerna que contribuíam para a fertilidade do solo enquanto rendiam enormes produções de feno. Portanto, as culturas aráveis subsequentes tinham a vantagem dupla de um maior suprimento de adubo animal e uma melhoria da fertilidade natural por meio da [fixação de nitrogênio] das plantas de forragem. Quando, na segunda metade do século XVII, o nabo começou a ser cultivado como uma plantação regular, exigindo adubação intensa e capinagem meticulosa, a base foi constituída para uma nova forma de uso da terra, especialmente adaptada a solos fracos, até então sustentável apenas por meio da pastagem grosseira. (ibid., p.4)

A variedade de métodos disponíveis para a reprodução e o aumento da fertilidade do solo foi continuamente ampliada. Por exemplo, a introdução do guano (excremento de pássaros acumulado no litoral peruano e chileno) exerceu um importante papel. Em seguida, houve a introdução de fertilizantes químicos, sobretudo após a Primeira Guerra Mundial, quando as indústrias fabricantes de explosivos passaram a produzir fertilizantes químicos. Inicialmente, os camponeses usavam o conhecimento para combinar o uso do fertilizante químico com outros métodos disponíveis: o uso do adubo "bem cultivado" e as técnicas de cultivo que estimulavam a capacidade do próprio solo de produzir nitrogênio. Apenas muito depois, dosagens mais altas de fertilizantes químicos começaram a suprimir as contribuições positivas que essas técnicas trouxeram para a manutenção da fertilidade do solo: a produção cuidadosa de adubo foi cada vez mais abandonada (exigia trabalho demais e já não se adequava à busca implacável por aumentos de escala), o esterco animal se tornou resíduo e novas tecnologias foram criadas para se livrar disso o mais rápido possível (mais tarde, mecanismos menos poluidores e mais ecológicos tiveram de ser desenvolvidos).

Em síntese, é ilusório apresentar o fertilizante químico como precursor da superioridade absoluta das ciências agrícolas sobre os sistemas de conhecimento dos agricultores. A verdadeira história é diferente: é a tragédia de perder um recurso de valor potencialmente alto (adubo), uma perda para a qual as ciências agrárias contribuíram substancialmente preparando o caminho apenas para os fertilizantes químicos. Os fertilizantes químicos se tornaram poderosos, convincentes e indispensáveis porque o adubo, a biologia do solo, as culturas mistas, como no caso da *milpa* na América Central, as interculturas complementares, fertilizantes verdes como trevo e repertórios locais de fabricação de adubo "bem cultivado" foram negligenciados e, enfim, tratados como "monstruosidades".

Box 5.4 – A contribuição de Justus von Liebig

Os campos agrícolas são fertilizados há milhares de anos (Hofstee, 1985; Netting, 1993, p.43), valendo-se de uma série de técnicas: aplicação de adubo, rotação de culturas, a inclusão do trevo, levando camadas mais profundas de solo rico à superfície ou transportando guano do Chile e do Peru para a Europa. Nem sempre houve uma compreensão científica adequada sobre essas práticas, assim como os diversos princípios existentes na balística ou na navegação não eram totalmente compreendidos (ver Box 5.1). "Protocientistas" como Thaer e Bousignault extraíram importantes descobertas a partir dessas práticas, incluindo a teoria sobre o húmus (a importância do material orgânico no solo) e a ideia fundamental de que as plantas obtêm muitos dos seus alicerces do ar (notadamente o CO_2). Liebig deu um passo adiante sugerindo – e provando – que o crescimento das plantas depende fundamentalmente de minerais, sobretudo nitrogênio, fósforo e potássio. Ele também formulou a teoria do mínimo, em que os fatores de crescimento (como a presença de diferentes minerais) são representados por ripas desiguais de um barril (ver Figura 5.1). A ripa menor determina o nível de água dentro do barril, isto é, os rendimentos da produção.

Não quero minimizar a importância da contribuição de Liebig. Pelo contrário. A ideia que defendo aqui é que tanto a descoberta quanto a produção e aplicação de fertilizantes químicos que ocorreram sete décadas depois só foram possíveis por causa das interações com a prática agrícola. Sem a já disseminada ideia da importância da fertilização, sem as diversas e ricamente averiguadas práticas de fertilização e sem o trabalho de tantos "protocientistas", a obra de Liebig teria sido impossível. E sem os produtores (muitos deles agricultores e, posteriormente, especialistas fundamentados nas práticas e habilidades dos agricultores) que, na sequência, desenvolveram novas variedades capazes de absorver níveis mais altos de minerais (sobretudo o nitrogênio), essa descoberta teria sido inútil. Quando o fertilizante químico se tornou disponível, havia muitas trajetórias alternativas à disposição do agricultor – principalmente abordagens fundamentadas mais diretamente nas práticas agrícolas e dentro das quais a biologia do solo exercia um papel crucial. Rothamsted, no Reino Unido, foi um importante centro envolvido na exploração da viabilidade dessas abordagens. É intrigante o fato de ter sido necessária mais uma guerra mundial para bloquear essas alternativas e tornar a fertilização química hegemônica.

A "motorização" da agricultura (termo usado por Mazoyer e Roudart, 2006, para se referir à introdução e disseminação de tratores) representou outro grande avanço no desenvolvimento da produtividade agrícola. Uma quantidade considerável dos muitos aparelhos mecânicos associados a esse processo de motorização foi projetada e construída pelos próprios agricultores. É digno de nota que os equipamentos desenvolvidos pelos agricultores, de modo geral, incorporavam princípios de *design* que diferem significativamente dos industriais. Por exemplo, as tecnologias de capinagem desenvolvidas em laboratórios científicos e/ou industriais visam reduzir as necessidades de mão de obra, ao passo que as tecnologias projetadas pelos agricultores se baseiam na suposição de que a força de trabalho disponível deve ser empregada no melhor uso possível. Essa diferença criou máquinas e insumos extremamente contrastantes, porém também resultou em curvas de substituição e novas qualidades de produto altamente diferenciadas.

O discurso agrário dominante associa a motorização à noção de que "quanto maior, melhor", o que levou a uma contínua "corrida armamentista" nas indústrias produtoras de tecnologias agrícolas. No entanto, o trator mais pesado e potente, na maioria das situações, definitivamente não é o melhor. O desenvolvimento do Italian Ape[8] (um veículo de três rodas com motor leve de 20 hp) fez muito mais pelo desenvolvimento da agricultura italiana do que os tratores pesados. Ele não só servia para que o agricultor levasse a colheita para casa, mas também podia ser usado para que ele fosse com a esposa à missa, ao mercado e ao bar.

Finalmente, há o caso das variedades de alto rendimento desenvolvidas no contexto da Revolução Verde. Ao contrário dos pequenos, porém constantes, aumentos nos rendimentos que se repetiam ano após ano, os engenheiros agrícolas muitas vezes buscam criar saltos repentinos e consideráveis que surgem como avanços. Contudo, conforme sugerido por Bennett (1982), esses saltos podem ser ultrapassados após, digamos, um período de dez anos, quando os rendimentos das variedades "tradicionais" podem exceder os das variedades "aprimoradas". Depois do salto, as variedades

---

8 *Ape* significa literalmente abelha (assim como Vespa é o símbolo da mobilidade urbana).

"aprimoradas" quase sempre permanecem fixas no mesmo nível de rendimento ou até decrescem paulatinamente. Isso aconteceu com muitas das variedades de altos rendimentos que estavam no cerne da Revolução Verde: hoje, de acordo com muitos especialistas, elas estão "esgotadas". Episódios semelhantes podem ser identificados na produção de animais. A "holsteinização" das criações de gado leiteiro europeu gerou um salto significativo nos rendimentos de leite por vaca, provocando fortes reduções no tamanho dos rebanhos tradicionais. Entretanto, após duas décadas, os que teimaram em continuar criando, por exemplo, o gado frísio, obtiveram rendimentos de leite iguais ou às vezes até superiores aos que usavam as vacas Holstein.

A abordagem da Revolução Verde acerca da engenharia quase sempre envolve uma ampla gama de ingredientes, ou seja, mudanças parciais, que são mutuamente interdependentes. Elas podem incluir: ajustes aos aspectos espaciais e temporais da agricultura, grandes mudanças na arquitetura de plantas ou animais, a substituição de recursos internos e práticas agrícolas associadas por insumos externos e uma padronização dos campos, práticas, normas e parâmetros. Por exemplo, a holsteinização dos rebanhos envolvia mudanças significativas nos ritmos temporais; a produção que no passado ocorria durante um longo ciclo de vida produtivo agora passou a se concentrar em poucos anos. Isso teve um preço: a longevidade foi bastante reduzida e, ironicamente, agora são necessárias mais vacas para produzir a mesma quantidade de leite por, digamos, um período de cinco anos, do que anteriormente.

A ciência tem um papel importante no desenvolvimento das forças produtivas (Bernstein, 2010b), tanto em termos gerais como dentro da agricultura. Chayanov foi explícito quanto a isso. Entretanto, não se pode afirmar que as ciências agrícolas, por definição, contribuam para o desenvolvimento de forças produtivas ou que sejam a única força desse desenvolvimento. O cenário é muito mais complicado. Uma análise meticulosa de episódios-chave da história das ciências agrícolas (como os descritos anteriormente) demonstra uma ambiguidade muito maior do que sugeria a "primeira narrativa".

Alguns desses desenvolvimentos embutiam um preço que ainda estamos pagando – um preço que nunca é levado em consideração quando a hegemonia das ciências agrárias sobre o sistema de conhecimento dos agricultores é asseverada.

Uma interação voluntária e bem sustentada das buscas dos agricultores por inovações e pesquisa científica pode ser um poderoso impulsionador de crescimento e desenvolvimento agrário. A História mostrou muitos exemplos disso; a proposta de uma agronomia social conforme formulada por Chayanov e o atual movimento da agroecologia (Altieri; Funes-Monzote; Petersen, 2011) são apenas alguns deles. Contudo, a integração institucional de pesquisa agrícola e formulação teórica significa cada vez mais que se tornaram partes integrantes da "ciência imperial" (Scott, 1998). A ciência se autoproclama decisiva, mas se torna imperial quando reduz a agricultura à pura aplicação de leis científicas e busca padronizar, prever, quantificar, planejar e controlar as práticas agrícolas. Com isso, prepara o caminho para que a agricultura seja sujeitada às prescrições e ao controle externo – para os impérios alimentícios subordinarem a agricultura (Vanloqueren; Baret, 2009).

Uma característica típica da ciência imperial é que ela tenta aumentar a produtividade agrícola através da construção de novos artefatos. Estes assumem a forma de recursos externos que agregam ou substituem os recursos já disponíveis. Por outro lado, a agronomia clássica de modo geral buscava o aprimoramento dos recursos internos – assim como é o caso da agroecologia hoje. Os fertilizantes químicos *versus* o aprimoramento do adubo – isso exemplifica a contradição que atualmente divide as ciências agrárias. A transformação de excremento animal em adubação "bem produzida" (parte fundamental da *art de la localité*) é heterogênea demais para a ciência imperial, pois as práticas diferem de lugar para lugar. Trata-se de algo também muito inconstante, já que depende de muitos fatores imprevisíveis e altamente variáveis. O adubo não pode ser controlado de longe. O mesmo vale para o solo e sua biologia, a intercalação de culturas, a linhagem feminina na reprodução animal, fluxos subterrâneos de água e muitos outros aspectos da natureza. O adubo – assim como todos esses outros exemplos – não é uma mercadoria. Não é produzido para venda. Portanto, não interessa ao agronegócio.

A ciência imperial promove processos de mercantilização e constrói os instrumentos que viabilizam o controle externo. Dessa forma, existe um paralelismo estrutural entre crescimento e influência da ciência imperial e os dos impérios alimentícios, que constantemente se reforçam e se reproduzem mutuamente. Sempre e onde quer que a ciência imperial se torne dominante, a sua contribuição para o desenvolvimento das forças produtivas se torna secundária. Na verdade, seu foco principal é contribuir para a introdução, extensão e consolidação do controle (como fica evidente no caso dos organismos geneticamente modificados – os transgênicos). As ciências agrárias atuais também estão inclinadas no sentido de um aumento no uso de energia fóssil, assim como se inclinam na direção das "condições ideais" (como terras férteis, grandes áreas, disponibilidade ilimitada de água, energia e capital e outros insumos materiais), ou seja, as condições encontradas em uma típica estação de pesquisa. Isso leva ao desenvolvimento de tecnologias que não funcionam tão bem mediante condições subideais que, por sua vez, muito provavelmente, irão acelerar a marginalização de áreas que enfrentem tais condições. Além disso, Stoop (2011, p.453) ressalta

> programas de reprodução desviando de todo um conjunto de processos críticos e complexos ligados à interdependência entre as partes abaixo e acima da terra, ou seja, entre as raízes e as copas. De maneira análoga, a pesquisa agrônoma ignorou enormemente os aspectos (micro)biológicos e dinâmicos do solo e suas diversas interações com as raízes das plantas.

Em suma, existem pontos de vista muito diferentes sobre a agronomia (ver Sumberg; Thompson, 2012), e seria impensável que as ciências agrárias estivessem livres de controvérsias (Sumberg; Thompson; Woodhouse, 2013).

Os camponeses conseguem alimentar o mundo?

Novamente, a resposta a essa pergunta pode ser relativamente curta, pois a discussão sobre a obra de Chayanov já identificou os principais fatores. Conforme indicado no Capítulo 2, a agricultura camponesa entra em lugares aos quais o capital não tem acesso (nesse aspecto, a agricultura camponesa é "anaeróbica", como propôs Raul Paz, 2006). Ela alcança os altiplanos do Peru e da Bolívia, montes íngremes e áreas alagadas em qualquer lugar, as *bolanhas* do oeste da África e os *baldios* do norte de Portugal onde os custos de cultivo seriam elevados demais para proporcionar sequer um retorno médio sobre o capital. Essas áreas não são atraentes para o capital. Grandes áreas do mundo se enquadram nessas categorias. Boa parte dessa terra é formada por pastagem extensiva, ideal, sobretudo, para a criação de gado. Sob a égide do complexo industrial grãos-oleaginosas-gado (Weis, 2007, 2010), a criação de gado e a produção de leite e de carne cada vez mais ocorrem em sistema de confinamento onde o gado é alimentado com soja e milho produzidos em terra fértil e arável. Em um mundo que cada vez mais necessita dessa terra arável para produzir grãos para alimentar uma população humana em crescimento, essa é uma situação absurda e insustentável. Em suma, a agricultura capitalista induz a padrões espaciais contraproducentes para a divisão do trabalho, ao mesmo tempo em que degrada a terra. Por outro lado, na agricultura camponesa, essas distorções são quase sempre inexistentes.

Em segundo lugar, Chayanov argumentava que a agricultura camponesa é forte na formação de capital. Os investimentos por unidade de terra tendem a ser maiores na agricultura camponesa do que na agricultura capitalista (isso foi posteriormente demonstrado nos famosos estudos da CIDA dos anos 1960). A isso podemos acrescentar uma terceira diferença: os objetivos altamente contrastantes que orientam os diferentes tipos de agricultura, a saber, a otimização da renda de trabalho *versus* a maximização do lucro ou da lucratividade. Uma das consequências disso é que os rendimentos são muitas vezes mais altos na agricultura camponesa do que na agricultura capitalista.

A esses ingredientes "clássicos" podemos acrescentar alguns outros que estão se tornando evidentes na situação atual. Um quarto fator diz respeito ao fato de que a agricultura camponesa não só ingressa aonde outros tipos de agricultura não chegam – mas também permanece quando outras formas de agricultura se retiram (Johnson, 2004). Isso ficou muito claro no período atual, caracterizado por maior volatilidade de mercado. Volatilidade significa que os preços de mercado sofrem imensas flutuações. Os preços baixos podem provocar fluxos de caixa negativos dentro de uma empresa, sobretudo quando os níveis de custo são relativamente altos e não podem ser modificados prontamente no curto prazo. Quando se projeta uma queda de preço de 40% na Figura 5.3, observa-se imediatamente que os pequenos proprietários na primeira coluna serão intensamente afetados, porém capazes de dar continuidade à agricultura, ainda que com uma renda de trabalho inferior. Por outro lado, os que se encontram no quarto perfil receberão um retorno negativo sobre o capital investido. Portanto, as fazendas capitalistas serão fechadas ou temporariamente desativadas, fenômeno comum em grande parte do mundo. Por outro lado, as unidades camponesas, de modo geral, engajam-se em atividades econômicas além da agricultura (no Capítulo 6, discutirei essa questão como multifuncionalidade). São elas que as ajudam a sobreviver durante os períodos de preços menores. Em suma, as propriedades camponesas são muito mais resilientes do que os empreendimentos agrícolas capitalistas.

Em quinto lugar, as terras camponesas são muito mais capazes de estabelecer combinações de recursos mais apropriadas às condições locais, graças à *art de la localité* desenvolvida por elas (ver Box 5.2). Com um conhecimento estreito dos ecossistemas locais (o estudo de Conklin de 1957 ainda é um marco nesse sentido), seus campos, as sementes disponíveis e os animais permitem que os camponeses encontrem a solução mais adequada localmente. Os administradores dos empreendimentos agrícolas capitalistas não possuem esse tipo de visão geral e conhecimento profundo. Por necessidade, trabalham com esquemas científicos que são, essencialmente, padronizados e veem os detalhes locais como crueza sistemática.[9] Isso pode resultar em níveis muito mais elevados de emissões e outros tipos de perdas e em utilização de recursos aquém do ideal.

Um sexto ingrediente, originado a partir do anterior, é a produção inovadora, que permite que a agricultura camponesa desenvolva os recursos nos quais se baseia. Isso é particularmente relevante considerando a variedade que existe dentro da unidade camponesa e em seus campos (ver, por exemplo, Brush; Heath; Huaman, 1981).

O quinto e sexto ingredientes fluem juntos para um sétimo: a agricultura camponesa é, em geral, mais sustentável do que a capitalista. É mais enraizada nos ecossistemas locais (ver discussão sobre coprodução no Capítulo 3) e, portanto, mais resistente a eventos como secas; é menos dependente de combustíveis fósseis (Ventura, 1995; Netting, 1993, p.123-45); seus animais, de modo geral, vivem mais; há intercalação de culturas capazes de proporcionar sinergias adicionais (contando quase sempre com a reutilização de resíduos); ajuda a evitar mudanças climáticas (Altieri; Koohafkan, 2008); e finalmente procura minimizar o desperdício de água (Dries, 2002). Como consequência, a agricultura camponesa não só é bem equipada para enfrentar o enorme desafio de alimentar o mundo – é também capaz de contribuir consideravelmente para lidar com essas "novas formas de escassez" e mudanças climáticas. Ela também gera empregos produtivos e significativos social e individualmente, muito mais do que os empreendimentos agrícolas capitalistas (ou as cidades, por assim dizer)[10] jamais conseguiriam. Finalmente, a agricultura camponesa também ajuda a promover trabalho e sustento dignos.

Durante mais de três décadas eu tenho trabalhado esporadicamente com uma equipe de colegas italianos e holandeses documentando o desempenho de um grupo de agricultores camponeses e um segundo grupo de unidades empreendedoras (cujo estilo

---

9 Um exemplo típico nesse contexto é o das doses padronizadas de fertilizante (exemplo: 400 kg N por hectare) *versus* variações no campo relacionadas a diferentes níveis de fertilidade do solo.

10 Refiro-me aqui à incapacidade de as cidades absorverem a população rural que se torna supérflua quando a agricultura é reorganizada na base capitalista.

de operação se assemelha ao dos empreendimentos capitalistas), em Parma, na Itália. Ambos os grupos são especializados em produção de leite e trabalham em condições semelhantes. Para criar a Figura 5.5, as características específicas de cada grupo (diferenças em tamanho, insumo de mão de obra, investimentos, eficiência técnica, densidade de gado, longevidade, rendimentos, nível geral de produção por hectare) foram expressas em um bloco imaginário de mil hectares, a fim de possibilitar uma comparação entre as duas formas contrastantes de agricultura. Portanto, a figura mostra a produção total que seria auferida de acordo com as duas abordagens contrastantes.

As diferenças são contundentes. Em 1971, a agricultura campo-nesa rendia 15% a mais do que o modelo empresarial. Essa diferença aumentou regularmente ao longo do tempo. Em 1999, a produção camponesa rendeu 56% mais, e, em 2009, os números foram pra-ticamente duas vezes maiores (em parte porque muitas fazendas empresariais foram desativadas).[11]

Figura 5.5 – Comparação entre agricultura empresarial e camponesa em Parma, Itália

	Agricultura empresarial	Agricultura camponesa
GVP em 1971	735 milhões de liras	844 milhões (+15%)
GVP em 1979	2.845	3.872 (+36%)
GVP em 1999	8.235	12.185 (+56%)
GVP em 2009	5,4 milhões de euros	10,7 milhões de euros (+98%)

---

11 Diferenças como essas são quase sempre camufladas. Uma característica particu-lar da produção de leite na província de Parma é a sua associação com a produção do queijo parmesão. Portanto, não se pode usar silagem. Na prática, isso significa que toda, ou quase toda, forragem (capim e feno) é produzida dentro da própria terra. A quantidade de gado por hectare não pode flutuar muito. Essa é uma diferença básica na produção de leite em todos os lugares. Em outras regiões, a intensidade é muitas vezes uma função do alimento e ração comprados de tercei-ros. A Holanda, por exemplo, possui uma área agrícola de cerca de dois milhões de hectares. No entanto, a agricultura holandesa utiliza cerca de 16 milhões de hectares de terra fora de suas fronteiras. Essa terra é usada predominantemente para produzir ração (notadamente, soja e milho) importada pela Holanda e usada para alimentar o gado.

Essas diferenças podem ser atribuídas a uma ampla gama de detalhes. Quase sempre são detalhes pequenos (tais como longevidade e produtividade de vacas, produtividade nas pastagens etc.). Embora eles quase sempre passem despercebidos, juntos causam uma diferença significativa. As fazendas de modelo empresarial são, em geral, maiores do que as unidades camponesas. Elas são mais imponentes e mais mecanizadas – sinais que são quase sempre interpretados como "mais poderosas" e "mais competitivas". Mas as aparências enganam. Embora um único empreendimento empresarial produza mais do que uma única unidade camponesa, mil hectares de terra usados pelas unidades camponesas produzem muito mais do que os mesmos mil hectares usados pelas fazendas empresariais ou capitalistas.

As unidades camponesas conseguem alimentar o mundo? Sim, conseguem. E poderiam fazê-lo de uma maneira ainda melhor se pudéssemos restringir a quantidade de valor agregado que atualmente é dilapidada pelos impérios alimentícios (Polanyi, 1957; Friedmann, 2004). Se esses impérios se apropriassem de menos (ou nenhum) valor produzido nas unidades camponesas, e se os camponeses pudessem ter acesso a mais áreas da melhor terra arável, as rendas de trabalho nas propriedades camponesas aumentariam, viabilizando mais formação de capital e maior desenvolvimento e crescimento. A resposta também poderia ser mais afirmativa se os vieses incorporados nas ciências agrárias fossem corrigidos de modo a se relacionarem de uma maneira apropriada aos campesinatos do mundo, conforme exemplificado pela agronomia social proposta por Chayanov.

6
RECAMPESINAÇÃO

Em 1978, os camponeses de Xiaogang, um pequeno vilarejo na província de Anhui, na China, chegaram à conclusão de que era impossível continuar trabalhando de acordo com o sistema de comunas. O sistema os rebaixou e a fome era o único destino a que estavam fadados. Concluíram que seria melhor pedir esmolas do que continuar a atividade agrícola daquela maneira (Gulati; Fan, 2007). Isso os levou a decidir, secretamente, ceder em contrato a terra de produtores para as famílias de camponeses individuais e deixar que elas trabalhassem esses terrenos de acordo com as próprias habilidades e necessidades (isto é, segundo o seu equilíbrio trabalho-consumo específico). Isso não implicou rejeitar o princípio de que, como parte do setor agrícola, elas deveriam contribuir para a nação e para o seu desenvolvimento. Um de seus lemas afirmava claramente que estavam dispostos a contribuir com o Estado e o coletivo. Contudo, "tudo que resta é nosso" (Xiang, 1998). Os dezoito camponeses envolvidos assinaram um documento secreto no qual prometiam cuidar dos filhos uns dos outros caso alguém fosse assassinado ou preso. O contrato era um típico documento camponês, pois especificava que tal compromisso se aplicava apenas até que os filhos completassem dezoito anos. Os camponeses nunca se comprometem com despesas desnecessárias.

Foi assim que teve início o *da baogan* (expressão extremamente vaga que poderia ser traduzida por alto como "grande contrato para você"[1]). Após intervenções e ajuda, primeiro de autoridades de partidos regionais e, depois, de Deng Xiao Ping, ele se transformou no que ficou conhecido como Household Responsibility System (HRS) ou Sistema de Responsabilidade Familiar. O HRS é entendido por aqueles que ajudaram a introduzi-lo e generalizá-lo como uma "inovação institucional" e uma "transformação" que restaurou o "órgão de nível micro" (Runsheng, 2006, p.2 e 11). O HRS recuperou a visibilidade dos camponeses chineses no cenário nacional. A administração estatal da agricultura pelas comunas populares foi substituída pelas decisões individuais das famílias camponesas.

Essa forma de recampesinação levou a um enorme aumento da produção agrícola:

A produção agrícola aumentou em 42,2% no período de 1978 a 1984 (calculado usando preços fixos); 46,9% desse crescimento poderiam ser atribuídos às reformas nos sistemas; 32,2%, ao maior uso de fertilizantes; e o restante, a outros fatores. Esse aumento na produção agrícola fez com que os antigos problemas de escassez de alimentos fossem solucionados em um curto período e o número de pessoas pobres diminuísse de 250 milhões (30,7% da população) em 1978 para 21,5 milhões (2,3%) em 1990. (Jingzhong; Yihuan; Long, 2010, p.263-4; ver também Deng, 2009, e Xiaoyun et al., 2012)

Netting (1993, p.252) acrescenta que "as rendas *per capita* aumentaram até mais rapidamente do que a produção, em 102%, e os índices dos padrões de vida como metragem quadrada subiram quase um terço para 13,41 metros quadrados".

Na primavera de 2012, tive a oportunidade de conversar bastante com dois camponeses que fizeram parte do grupo inicial dos dezoito:

---

1 Esse caráter vago é uma característica intrigante de muitos experimentos e mudanças político-econômicas na China. Ajuda a evitar conflitos prematuros ou desnecessários.

Yan Hongchang e Yan Jinchang, ambos agricultores até hoje. A questão dos rendimentos exerce um importante papel em suas explicações. Eles me contaram que

> Na época cultivávamos 300 *mu*, porém a produção alcançava apenas cerca de 20 mil *jin*.[2] Uma parte disso era reservada para ser reutilizada como semente, outra parte, para fins públicos e a última parte era para nós mesmos. Mas não era suficiente... Se você planta 20 *jin* de sementes e colhe apenas 60, é sinal de que algo está muito errado. E sabíamos que podia ser diferente. Depois da primeira reforma agrária [1951], nossos pais produziam muito mais na mesma terra e em 1962, durante a crise, observamos mais uma vez que muito mais poderia ser produzido aqui. Contudo, no sistema comunal [de 1959 em diante] houve queda na produção total. Não havia motivação entre os agricultores para trabalhar arduamente, ficamos deprimidos, já não conseguíamos mais alimentar as nossas famílias, a vida perdera o sentido. Você se sente inútil e culpado diante de rendimentos ruins.
>
> Quando começamos a trabalhar como camponeses de novo, conseguimos obter rendimentos elevados. Demos ao Estado muito mais do que a nossa quota. Isso porque queríamos causar uma boa impressão ao Estado a fim de obter apoio... Ter o direito de tomar decisões era muito importante para nós. A motivação pessoal é uma força propulsora, quando você tem sua própria terra, cuida melhor das plantas... Tudo isso é evidente; quando se trabalha na terra o objetivo é obter bons resultados. (Hongchang e Jinchang, comunicação pessoal)

Há também lampejos de equilíbrio na memória desses dois veteranos. Eles explicaram para mim que na agricultura "damos e recebemos" (ibid.). E que depois de sofrer o "ônus" haverá o "bônus" (dificilmente haveria uma descrição mais precisa do equilíbrio entre penosidade e satisfação). "Apenas quando você se esforça os campos renderão boas colheitas e só então você gozará os benefícios" (ibid.).

---

2 Um *jin* equivale a meio quilo. Nesse contexto, significa que eram produzidos 10 mil quilos de trigo e arroz. Um *mu* equivale a um quinto de hectare.

Por outro lado, "não é justo não obter os resultados de seu árduo trabalho" (ibid.).

Outro importante equilíbrio que foi ativamente reconstruído desde os anos 1980 diz respeito às relações cidade-campo, principalmente mediadas pelos padrões de migração (como descrito no Capítulo 4 deste livro). O caráter circular da migração de mão de obra na China (as pessoas deixam o vilarejo, mas posteriormente retornam a fim de dar continuidade à agricultura) fortalece, e não enfraquece, a agricultura camponesa (Ploeg; Ye, 2010).

Processos e expressões da recampesinação

A transição da agricultura chinesa de coletiva para camponesa é apenas um exemplo, porém muito importante, das atuais tendências rumo à recampesinação. A recampesinação pode tomar muitos caminhos diferentes (Enriquez, 2003; Rosset; Martinez-Torres, 2012). Outro exemplo é o Movimento dos Trabalhadores Sem Terra, no Brasil, que resultou na criação de mais de 400 mil novas unidades camponesas (Veltmeyer, 1997). De acordo com Victor Toledo (2011), o movimento agroecológico também pode ser descrito como recampesinação. O mesmo se aplica ao leste europeu, onde uma nova camada de camponeses surgiu a partir das transições dos anos 1990 e da luta para constituir novas agriculturas (Spoor, 2012). De mesma relevância foi a ascensão da Via Campesina, um movimento novo e orgulhoso que apregoa a possibilidade e a promessa de que a agricultura camponesa reconquistará um papel central na agricultura global (Desmarais, 2002; Borras, 2004). O papel da Via Campesina nas principais lutas sociopolíticas e a sua persistência em abordar as organizações das Nações Unidas como a FAO são uma expressão *par excellence* da tendência rumo à recampesinação.

Não é possível discutir todas essas tendências e expressões neste pequeno livro. Nem tampouco há necessidade de fazê-lo. Grande parte da informação pode ser encontrada com facilidade. Farei, porém, uma exceção: comentar sobre os processos de recampesinação no oeste da Europa. Farei isso porque muita gente ainda se sente desconfortável com a interpretação das mudanças que ocorrem atualmente na agricultura do oeste europeu como representação de um processo de recampesinação.

Recampesinação no oeste da Europa: redefinindo os equilíbrios

Dentro da União Europeia, uma minoria de agricultores (cerca de 15% a 20%) segue a "rota empresarial", centralizada nos aumentos de escala acelerados, intensificação estimulada tecnologicamente e estreitamento de relações de dependência com as indústrias alimentícias, bancos e cadeias varejistas. De uma determinada perspectiva, isso é lógico. Os "empreendedores agrícolas" já estão encerrados nesse sistema, por meio de altos níveis de endividamento e uso de insumos. Para eles, existe apenas um caminho à frente. Por outro lado, pagam um preço alto por seguir essa rota. A remuneração pelo trabalho prolongado, monótono e, às vezes, perigoso, é baixa. Negativa, em épocas de crise. Ainda que o equilíbrio entre trabalho e consumo não esteja completamente abalado, pode ser extremamente difícil criar um balanceamento satisfatório. Podem surgir problemas específicos quando um filho e/ou filha (e suas famílias) desejam uma participação no empreendimento; eles precisam se envolver em operações financeiras arriscadas, o que implica empréstimos vultosos. Em alguns casos, o equilíbrio é alcançado de outra maneira: contratando trabalhadores "negros", mal remunerados (da Polônia, Índia, Maghreb ou África subsaariana, por exemplo). Incertezas semelhantes se aplicam ao equilíbrio entre penosidade e utilidade. Nesse caso, cria-se um balanceamento específico redefinindo a própria noção de utilidade. Sua utilidade está localizada em algum ponto do futuro: acreditam que, como grandes agricultores, estarão entre os poucos sobreviventes, e que o crescimento acelerado é o modo mais seguro de garantir a competitividade no futuro.

Por outro lado, a maioria dos agricultores segue uma rota diferente. Eles reavaliam os principais equilíbrios de formas completamente diferentes e, ao fazê-lo, deixam uma grande parte da agricultura europeia com traços mais camponeses. Enfrentam a pressão sobre a agricultura, que neste momento é particularmente grave, reavaliando o equilíbrio entre recursos internos e externos (ver Capítulo 3). Reduzem a dependência de recursos externos (incluindo crédito) e procuram otimizar o uso de recursos disponíveis internamente. Isso reduz os custos financeiros e de transações, enquanto aumenta a renda de trabalho – em um determinado nível de produção total. Não estamos aqui falando de melhorias marginais – ou "alguns punhados de grãos". Pesquisas comparativas de longo prazo realizadas no State Research Centre for Dairy Farming (Centro de Pesquisas Sobre Produção de Leite), na Holanda, demonstram que uma propriedade de baixo custo que produza 400 mil litros de leite pode ganhar a mesma renda que uma unidade altamente tecnológica que produza 800 mil litros (Kamp; Evers; Hutschemaekers, 2003; Evers et al., 2006). O insumo de mão de obra é igual em ambas as propriedades. Isso significa que, a um determinado nível de produção, a renda do trabalho pode ser duplicada por meio da mudança de um estilo altamente tecnológico de agricultura para outro de baixo custo. Reavaliar o equilíbrio entre os recursos internos e externos pode levar tempo e pode ainda afetar outros equilíbrios. A coprodução, por exemplo, pode ser mais fundamentada na natureza, o que facilita a integração do cuidado com a paisagem, a natureza e a biodiversidade às práticas agrícolas. Isso, por sua vez, pode melhorar o equilíbrio entre a família agricultora e sua vizinhança. Este último equilíbrio é considerado pelos agricultores empresariais como cada vez mais problemático de ser mantido.

Um segundo ingrediente principal da trajetória camponesa é o desenvolvimento da multifuncionalidade; novos produtos e serviços estão sendo produzidos e cada vez mais comercializados por meio de mercados aninhados recém-construídos. Neste caso, mais uma vez, "a unidade familiar utiliza, dentro de suas possibilidades, todas as oportunidades de sua posição natural e histórica e da conjuntura de mercado na qual se insere" (Chayanov, 1966, p.120). Essas atividades são assumidas para aumentar a renda de trabalho. Há uma variedade enorme de atividades e oportunidades na Europa: agroturismo, produtos de alta qualidade, especialidades regionais, produção orgânica, processamento de alimentos na propriedade, venda direta (foram desenvolvidos muitos sistemas diferentes), produção de energia, armazenagem de água, instalações de tratamento, estábulos, gestão de paisagens e natureza e muitas outras formas de diversificação. Ao final dos anos 1990, essas novas atividades dentro da UE geraram uma renda adicional ao trabalho de mais de 8 bilhões de euros (o dobro da renda agrária anual total da Holanda). Isso assegurou a sobrevivência de milhões de unidades familiares de pequeno e médio porte (dados obtidos de Ploeg, Long e Banks, 2002). A produção de inovações dá um impulso considerável a essas novas atividades. Há uma infinidade de agricultores europeus envolvidos nessas atividades: um campesinato que acaba de surgir. Trata-se de "um conjunto de singularidades [...], é produtivo [...], está sempre em movimento" (Negri, 2008) e possui força criativa. As deficiências dos impérios alimentícios e aparatos estatais criam diversos interstícios (ou lacunas) usados por essa infinidade de pessoas como pontos de partida para criar novas práticas de melhor desempenho. A longo prazo, elas podem resultar em mudanças importantes nos contornos político-e-conômicos da agricultura. Nesse sentido, José Bové, o líder camponês francês, observou que "se somarmos essas diversas iniciativas [...] começaremos a sentir intensamente um movimento de novos agricultores que, creio eu, acabarão marginalizando a agricultura industrial (Bové; Dufour, 2001, p.42).

Assim como o equilíbrio mutante no uso de recursos internos e externos, essa multifuncionalidade recém-construída envolve mais do que alguns punhados de grãos. Todos os estudos disponíveis demonstram que essas atividades recentemente assimiladas contribuem consideravelmente para as rendas no setor rural, tanto na unidade como nos níveis regionais (Heijman; Hubregtse; Ophem, 2002). Contribuem enormemente para a manutenção das propriedades que, do contrário, desapareceriam ou seriam coagidas a seguir os rumos empresariais. Vale ressaltar o interesse especial aqui em relação ao desenvolvimento de novos mercados aninhados em novos ajustes entre produtores e consumidores (Ploeg; Jingzhong; Schneider, 2012). Esses novos mercados podem ser considerados comuns. A construção desses comuns não se restringe à Europa. Na China e sobretudo no Brasil, formas altamente inovadoras de novos mercados surgiram e estão crescendo (ver Jingzhong et al., 2010; Schneider; Shiki; Belik, 2010; Perez, 2012).

Essas novas formas de recolonização (também discutidas em Brookfield e Parsons, 2007) envolvem essencialmente um reequilíbrio do balanceamento entre penosidade e utilidade. Aqueles que constroem unidades novas e multifuncionais, alicerçados em uma base de recursos relativamente autônoma, chegam para redefinir penosidade. Alguns agricultores citam o trabalho ao ar livre, tarefas altamente diversificadas, independência e o trabalho junto à natureza como os aspectos mais atraentes de seu trabalho. Sentem muito menos penosidade do que os que trabalham no contexto empresarial, onde o trabalho pode ser monótono, arriscado e maçante. A utilidade também é vivenciada de outra forma. Além dos bons ganhos, há a alegria de conhecer muito mais gente (os agricultores empresariais costumam apresentar níveis elevados de solidão) e o orgulho de "praticar a agricultura de outro jeito" (Oostindie et al., 2011). Agora, esses ingredientes da utilidade vivenciada pelo novo campesinato europeu estão se tornando importantes. Isso promove um novo ímpeto para as mudanças como os exibidos na Figura 2.1 e fortalece ainda mais o surgimento de uma nova agricultura no formato camponês.

Assim sendo, no cerne de um dos sistemas agrícolas mais modernizados do mundo, ainda é possível observar a mecânica descrita por Chayanov quase um século atrás. Os diferentes equilíbrios são importantes. No entanto, no mundo moderno, essas considerações não se limitam mais à família camponesa – a sociedade como um todo se envolve cada vez mais na avaliação desses equilíbrios, o que significa que há conexões entre a agricultura e diferentes arenas sociais. Isso colabora para o surgimento de diferentes formas de definir os equilíbrios, viabilizando rotas diferentes, como os caminhos camponeses e empresariais, entre outros. Em suma, o equilíbrio ainda é crucial para a agricultura. Mas pode ser para o bem ou para o mal. Um conjunto de equilíbrios ajuda a modelar as trajetórias empresariais que estão cada vez mais em desacordo com as expectativas sociais contemporâneas. Outro conjunto de equilíbrios pode ajudar a moldar novas rotas para a recampesinação que possuem um impacto completamente diferente. A agricultura mundial está, de fato, em uma encruzilhada, e descobertas sobre esses equilíbrios estratégicos são mais necessárias do que nunca para que possamos compreender os dilemas e conceber as soluções mais adequadas.

GLOSSÁRIO

Acumulação primitiva: para Marx, processos históricos pelos quais se estabelecem as principais classes do capitalismo. Descreve também os processos que contam com mecanismos coercitivos extraeconômicos a fim de extrair o maior volume de riqueza possível de determinadas classes. Mais especificamente, foi usada para descrever aumentos na exploração do campesinato que foram usados para acelerar a industrialização.

Agricultores: termo genérico que se refere às pessoas ativamente envolvidas no processo de trabalho agrícola; podem ser camponeses, agricultores empresariais, trabalhadores agrícolas etc.

Agricultura: termo genérico que engloba agricultura camponesa, agricultura empresarial e agricultura corporativa.

Agricultura camponesa: formas ou modos de agricultura em que a coprodução fundamentada em uma base de recursos autocontrolada é central e dentro da qual o trabalho assalariado é (quase) inexistente. A ampliação do valor agregado por objeto de trabalho é um importante motivador interno para seu desenvolvimento.

Agricultura corporativa: forma ou modo de agricultura totalmente baseado em trabalho assalariado, normalmente em larga escala; seu principal motivador interno é obter o maior retorno possível sobre o capital.

Agricultura empresarial: forma ou modo de agricultura em que a troca mercadológica é muito mais forte do que a troca ecológica; sua base de recursos é altamente dependente de sujeitos externos (ex.: bancos). Em geral, expande-se pela apropriação dos recursos de outros agricultores.

Base de recursos autocontrolada: permite uma autonomia relativa na medida em que é intensamente, ainda que não completamente, baseada na produção e reprodução de recursos dentro da unidade de produção.

Capital: valor usado para obter o valor excedente; o capital requer trabalho assalariado.

Capitalismo: sistema socioeconômico singular e globalmente estabelecido, baseado na relação de classes entre trabalho e capital.

Campesinatos: conglomerados de camponeses que compartilham experiências e identidades comuns, valendo-se de mecanismos internos para trocar ideias e recursos e atribuir autoridade aos líderes. Compartilham conceitos conjuntos de como a agricultura deve ser organizada e desenvolvida e também podem compartilhar e/ou desenvolver comuns juntamente.

Camponeses: atores sociais envolvidos na agricultura camponesa.

Comuns: ativos de propriedade conjunta (incluindo os não materiais) que podem ser usados para gerar mais valor. Comuns se diferenciam de capital, pois não precisam gerar valor excedente nem funcionam como mercadorias.

Coprodução: interações entre homem e natureza que levam à transformação mútua de ambos. A coprodução pode englobar trocas ecológicas e mercadológicas e é um aspecto muito importante da agricultura.

Descampesinação: perda ou desaparecimento do campesinato. Ocorre por meio de uma variedade de processos que impedem o acesso dos agricultores camponeses aos meios para reproduzir o seu modo camponês de agricultura.

Dessiatina: unidade russa de medida de área; 2,7 acres ou 1,1 hectares.

Exploração: apropriação do produto excedente de classes de produtores por classes (dominantes) de não produtores.

Extensionistas: profissionais treinados na comunicação de inovações aos agricultores.

Globalização: considerada por muitos como a atual fase do capitalismo mundial, sobretudo dos anos 1980 em diante. Há muitos debates acerca de seus efeitos, mas se caracteriza por mercados de capital internos extremamente desregulados, domínio do capital financeiro e o projeto político de neoliberalismo.

Império alimentício: rede ampliada que exerce controle oligopolítico sobre produção, processamento, distribuição e consumo de alimentos e que, ao mesmo tempo, apropria-se de uma grande proporção do valor produzido a partir dessas atividades.

Instrumentos de trabalho: ferramentas usadas para facilitar e/ou aprimorar o processo de trabalho. Podem ser simples ou sofisticados; nos estudos camponeses, instrumentos (sofisticados) são muitas vezes erroneamente igualados ao capital.

Intensificação: processo que visa e resulta em aumentos contínuos de rendimentos.

Kolkhoz: grande empreendimento agrícola administrado pelo Estado que caracterizou a agricultura russa durante a época comunista.

Mercadoria: produto ou serviço produzido para e/ou obtido por meio da troca de mercado.

Mercados a jusante: mercados em que as mercadorias agrícolas são vendidas quando saem da propriedade.

Mercados a montante: mercados capazes de fornecer os recursos necessários para a agricultura, por exemplo, terra, mão de obra, instrumentos de trabalho, todos os tipos de insumos materiais, crédito etc.

Mercantilização: processo que resulta nos elementos de produção e reprodução produzidos para e obtidos da troca de mercado, tornando-os sujeitos à sua lógica.

Não mercadoria: produto ou serviço não obtido por meio do mercado, mas criado dentro da própria unidade produtiva, que é usado no processo de produção e/ou um produto ou serviço obtido por meio da troca regulada socialmente.

Neoliberalismo: programa político e ideológico de "reversão do Estado" nos interesses de mercado.

Objetos de trabalho: ingredientes do processo de trabalho convertidos em novos produtos que representam um valor mais elevado (exemplo: campos férteis, vacas leiteiras e árvores frutíferas).

Penosidade: esforço necessário para produzir um serviço ou produto; supõe-se que a penosidade extra necessária para produzir uma unidade extra aumente junto com a produção total.

Pequeno produtor de mercadorias: termo analítico em geral usado para se referir àqueles que usam formas ou modos de produção orientados para o mercado, mas baseados em recursos e relações de não mercadoria. A agricultura camponesa é uma forma de pequena produção de mercadorias.

Pressão na agricultura: relações de troca desfavoráveis (preços estagnantes ou decrescentes fora da unidade e custos crescentes) que sugam a riqueza da agricultura e cada vez mais ameaçam a reprodução da propriedade e da família agricultora.

Produção: processo pelo qual o trabalho é aplicado em modificar a natureza para satisfazer as condições de vida humanas.

Processo de trabalho: organização e atividades de trabalho dos processos produtivos.

Produtividade: o quanto pode ser produzido com uma determinada quantidade de recursos (terra, trabalho, água etc.).

Produtividade do trabalho: valor de um bem ou serviço que alguém é capaz de produzir com um determinado dispêndio de esforços, em geral medido em termos de tempo gasto trabalhando ou hora trabalhada.

Pud: medida russa de peso equivalente a 16,4 quilos.

Questões agrárias: problemas que surgem quando há um grave abalo nas relações entre, de um lado, o modo como a agricultura está organizada e, do outro, a ecologia, a sociedade e/ou os interesses e perspectivas daqueles diretamente envolvidos na produção agrícola.

Recursos externos: recursos adquiridos de mercados a montante que ingressam no processo de produção como mercadorias e, dessa forma, levam a lógica dos mercados para o cerne do processo de produção.

Regime alimentício: sistema internacional de relações, regras e práticas que estrutura a produção, o processamento, a distribuição e o consumo de alimentos; o atual regime alimentício se caracteriza muitas vezes como corporativo ou imperial.

Relações de gênero: relações entre homens e mulheres; a divisão de propriedade, trabalho e renda costuma ser desigual entre os gêneros.

Recursos internos: recursos produzidos e reproduzidos dentro da unidade de produção.

Renda de trabalho: retorno adquirido de produtos e serviços vendidos menos os custos monetários necessários para produzir esses serviços e produtos.

Recampesinação: processo pelo qual a agricultura é reestruturada como agricultura camponesa. Também pode se referir ao aumento quantitativo no número de camponeses.

Recursos: elementos sociais e materiais necessários para sustentar o processo de produção (terra, trabalho, conhecimento, animais, plantas, redes etc.). Os recursos necessários podem ser produzidos e reproduzidos dentro da unidade de produção, obtidos por meio da troca regulada socialmente e/ou adquiridos de mercados a montante.

Relações sociais de produção: todas as relações, instituições e práticas sociais que moldam as atividades de produção e reprodução que, ao mesmo tempo, regulam a distribuição da riqueza produzida.

Rendimento: medida de produtividade por objeto de trabalho; normalmente o valor de uma colheita de uma determinada área de terra e/ou o valor dos produtos produzidos por animal.

Reprodução: garantia das condições de vida e de produção futura a partir daquilo que é produzido ou ganho hoje.

Troca de mercado: interação entre uma unidade de produção (ex.: uma propriedade) e os mercados a jusante e montante. Esse tipo de troca envolve mercadorias.

Troca ecológica: a interação entre uma unidade de produção (ex.: uma propriedade) e o ecossistema dos arredores; essa forma de troca é baseada na não mercadoria.

Utilidade: soma de valores (tanto de natureza de mercadoria e de não mercadoria) resultante do processo de produção.

REFERÊNCIAS BIBLIOGRÁFICAS

ABRAMOVAY, R. O admirável mundo novo de Alexander Chayanov. *Estudos Avançados*, 12, 32, 1998.

ADEY, S. *A Journey Without Maps:* Towards Sustainable Agriculture in South Africa. Wageningen: Wageningen University, 2007.

AGARWAL, B. Bargaining and Gender Relations Within and Beyond the Household. *Feminist Economics*, 3, 1, 1997.

ALTIERI, M. A. *Agroecology and Small Farm Development.* Ann Arbor: CRC Press, 1990.

_____.; FUNES-MONZOTE, F.; PETERSEN, P. *Agroecologically Efficient Agricultural Systems for Smallholder Farmers:* Contributions to Food Sovereignty. Paris: INRA; Berlim: SpringerVerlag, 2011.

_____.; KOOHAFKAN, P. *Enduring Farms:* Climate Change, Smallholders and Traditional Farming Communities. Penang: Third World Network, 2008.

ARKUSH, D. "If Man Works Hard the Land Will Not Be Lazy": Entrepreneurial Values in North Chinese Peasant Proverbs. *Modern China*, 10, 4, 1984.

AUHAGEN, O. Vorwort. In: CHAYANOV, A. *Die Lehre von der bäuerlichen Wirtschaft, Versuch einer Theorie der Familienwirtschaft im Landbau.* Berlim: Verlagsbuchhandlung Paul Parey, 1923.

BAGNASCO, A. *La Costruzione Sociale del Mercato:* studi sullo sviluppo di piccole imprese in Italia. Bologna: Il Mulino, 1988.

BALLARINI, G. *L'animale tecnologico.* Parma: Calderini, 1983.

BARRETT, C.; REARDON, T.; WEBB, P. Nonfarm Income Diversification and Household Livelihood Strategies in Rural Africa: Concepts, Dynamics, and Policy Implications. *Food Policy*, 26, 2001.

BENNETT, J. *Of Time and the Enterprise, North American Family Farm Management in a Context of Resource Marginality*. Minneapolis: University of Minnesota Press, 1982.

BENVENUTI, B. De technologisch administratieve taakomgeving (TATE) van landbouwbe-drijven. *Marquetalia*, 5, 1982.

_____. et al. *Produttore agricola e potere:* modernizzazione delle relazioni sociali ed economiche e fattori determinanti dell'imprenditorialita agricola. Roma: CNR/IPRA, 1988.

_____.; BUSSI E.; SATTA, M. *L'imprenditorialità agricola:* a la ricerca di un fantasma. Bolonha: AIPA, 1983.

BERNSTEIN, H. *Class Dynamics of Agrarian Change*. Halifax: Fernwood Publishing, 2010a. [Ed. bras.: *Dinâmicas de classe da mudança agrária*. São Paulo: Editora Unesp, 2011]

_____. Introduction: Some Questions Concerning the Productive Forces. *Journal of Peasant Studies*, 10, 3, 2010b.

_____. V.I. Lenin e A.V. Chayanov: Looking Back, Looking Forward. *Journal of Peasant Studies*, 36, 1, 2009.

BIELEMAN, J. *Geschiedenis van de landbouw in Nederland, 1500-1950*. Meppel: Boom, 1992.

BOELENS, R. *The Rules of the Game and the Game of the Rules*: Normalization and Resistance in Andean Water Control. Wageningen: Wageningen University, 2008.

BONNANO, A. et al. *From Columbus to Conagra*: The Globalization of Agriculture and Food. Lawrence: University Press of Kansas, 1994.

BORRAS, S. M. *La Via Campesina: An Evolving Transnational Social Movement*. Amsterdam: Transnational Institute, 2004.

_____.; EDELMAN, M.; KAY, C. Transnational Agrarian Movements: Origins and Politics, Campaigns and Impact. In: BORRAS, S. et al. (Eds.). *Transnational Agrarian Movements Confronting Globalization. Journal of Agrarian Change*, 8, 1/2 (edição especial), 2008.

BOSERUP, E. *Evolution agraire et pression demographique*. Paris: Flammarion, 1970.

BOVÉ, J.; DUFOUR, F. *The World Is Not for Sale*. Londres: Verso, 2001.

BRAY, F. *The Rice Economies*: Technology and Development in Asian Societies. Oxford: Blackwell, 1986.

BROOKFIELD, H.; PARSONS, H. *Family Farms*: Survival and Prospect, a World-Wide Analysis. Oxford: Routledge, 2007.

BROX, O. *The Political Economy of Rural Development*: Modernisation Without Centralisation? Delft: Eburon, 2006.

BRUSH, S.; HEATH, J.; HUAMAN, Z. Dynamics of Andean Potato Agriculture. *Economic Botany*, 35, 1, 1981.

BRYDEN, J. M. *Rural Development Situation and Challenges in EU-25*. Discurso na Conferência de Desenvolvimento Rural na UE, Salzburg, 2003.

CASSEL, G. A atualidade da Reforma Agrária. *Folha de S.Paulo*, 4 mar. 2007.

CHAMBERS, J. D.; MINGAY, G. E. *The Agricultural Revolution 1750-1880*. Londres: B.T. Batsford Ltd., 1966.

CHAYANOV, A. *The Theory of Peasant Co-operatives*. Columbus: Ohio State University Press, 1991 [1927].

_____. *L'economia di lavoro, scritti scelti, a cura di Fiorenzo Sperotto*. Milão: Franco Angeli/INSOR, 1988 [1917].

_____. The Journey of My Brother Alexis to the Land of Peasant Utopia. *Journal of Peasant Studies*, 4, 1976 [1920].

_____. *The Theory of Peasant Economy*. (D. Thorner et al., eds.) Manchester: Manchester University Press, 1966 [1925].

_____. On the Theory of Non-Capitalist Economic Systems. In: CHAYANOV, A. *The Theory of Peasant Economy*. (D. Thorner et al., eds.) Manchester: Manchester University Press, 1966b.

_____. *Die Sozial Agronomie, ihre Grundgedanken und ihre Arbeitsmetoden*. Berlim: Verlagsbuchhandlung Paul Parey, 1924.

_____. *Die Lehre von der bäuerlichen Wirtschaft Versuch einer Theorie der Familienwirtschaft im Landbau*. Berlim: Vedagsbuchhandlung Paul Parey, 1923.

COLUMELLA, L. *L'arte dell'agricoltura e libro sugli alberi*. Turim: Einaudi, 1977.

CONKLIN, H. C. *Hanunóo Agriculture, a Report on an Integral System of Shifting Cultivation in the Philippines*. Roma: FAO, 1957.

DANILOV, V. Introduction: Alexander Chayanov as a Theoretician of the Co-operative Movement. In: CHAYANOV, A. *The Theory of Peasant Co-operatives*. Columbus: Ohio State University Press, 1991.

DANNEQUIN, F.; DIEMER, A. L'economie de l'agriculture familiale de Chayanov a Georgescu-Roegen. Artigo apresentado na Colloque SFER, Paris, nov. 2000.

DAVIS, M. *Planet of Slums*. Londres: Verso. 2006

DELÉAGE, E. Les paysans dans la modernité. *La Découverte/Revue Française de Socio-Economie*, 1, 9, 2012.

DENG, Z. Academic Inquiries into the "Chinese Success Story". In: DENG, Z (Ed.). *China's Economy, Rural Reform and Agricultural Development*. Cingapura: World Scientific Publishing Co., 2009.

DESMARAIS, A. Peasants Speak – The *Via Campesina*: Consolidating an International Peasant and Farm Movement. *Journal of Peasant Studies*, 29, 2, 2002.

DOMÍNGUEZ GARCÍA, M. *The Way You Do It Matters*: A Case Study on Farming Economically in Galician Agroecosystems in the Context of a Cooperative. Wageningen: Wageningen University, 2007.

DRIES, A. *The Art of Irrigation:* The Development, Stagnation and Redesign of Farmer-Managed Irrigation Systems in Northern Portugal. Wageningen: Circle for Rural European Studies, Wageningen University, 2002.

DURRENBERGER, E. *Chayanov, Peasants, and Economic Anthropology*. Orlando: Harcourt Brace, 1984.

EDELMAN, M. Bringing the Moral Economy Back in ... to the Study of 21st Century Transnational Peasant Movements. *American Anthropologist*, 107, 3, 2005.

ENGEL, P. *The Social Organization of Innovation*: A Focus on Stakeholder Interaction. Wageningen: Wageningen University, 1997.

ENRIQUEZ, L. Economic Reform and Repeasantization in Post-1990 Cuba. *Latin American Research Review*, 38, 1, 2003.

EVERS, A. et al. *Results Low Cost Farm, 2006, Rapport n.53*. Wageningen: Animal Science Group, Wageningen University, 2006.

FRIEDMANN, H. Feeding the Empire: The Pathologies of Globalized Agriculture. In: MILIBAND, R. (Ed.). *The Socialist Register*. Londres: Merlin Press, 2004.

_____. The Political Economy of Food: A Global Crisis. *New Left Review*, 1, 1993.

_____. Household Production and the National Economy: Concepts for the Analysis of Agrarian Formations. *Journal of Peasant Studies*, 7, 1980.

GALEANO, E. *Open Veins of Latin America*: Five Centuries of the Pillage of a Continent. Nova York: Monthly Review Press, 1971. [Ed. bras.: *As veias abertas da América Latina*: cinco séculos de pilhagem de um continente. Rio de Janeiro: Paz e Terra, 1982.]

GARSTENAUER, R.; KICKINGER, S.; LANGTHALER, E. The Agrosystemic Space of Farming: Analysis of Farm Records in Two Lower Austrian

Regions, 1945-1980s. Paper to the Institute of Rural History Workshop, Historicising Farming Styles, in Melk, Austria, 22-23 out. 2010.

GEERTZ, C. *Agricultural Involution*. Berkeley: University of California Press, 1963.

GEORGESCU-ROEGEN, N. *Energia e miti economici*. Turim: Boringhieri, 1982.

GERRITSEN, P. *Diversity at Stake*: A Farmer's Perspective on Biodiversity and Conservation in Western Mexico. Wageningen: Circle for Rural European Studies, Wageningen University, 2002.

GULATI, A.; FAN, S. *The Dragon and the Elephant*: Agricultural and Rural Reforms in China and India. Baltimore: IFPRI/Johns Hopkins University Press, 2007.

HALAMSKA, M. A Different End of the Peasants. *Polish Sociological Review*, 3, 147, 2004.

HARDT, M.; NEGRI. A. *Multitude*: War and Democracy in the Age of Empire. Nova York: Penguin Press, 2004.

HARVEY, D. *The Enigma of Capital and the Crises of Capitalism*. Londres: Profile Books, 2010.

HAYAMI, Y. *Anatomy of a Peasant Economy*: A Rice Village in the Philippines. Los Baños: International Rice Research Institute, 1978.

_____.; RUTTAN, V. *Agricultural Development*: An International Perspective. Baltimore: Johns Hopkins, 1985.

HEBINCK, P. *The Agrarian Structure in Kenya*: State, Farmers and Commodity Relations. Saarbrucken: Verlag Breitenbach, 1990.

HEIJMAN, W.; HUBREGTSE, M. H.; OPHEM, J. Regional Economic Impact of Non-Standard Activities on Farms: Method and Application to the Province of Zeeland in the Holanda. In: PLOEG, J. D.; LONG, A.; BANKS, J. (Eds.). *Living Countryside*: Rural Development Processes in Europe – The State of the Art. Doetinchem: Elsevier, 2002.

HOFSTEE, E. *Groningen van Grasland naar Bouwland, 1750-1930*. Wageningen: Pudoc, 1985.

HOLLOWAY, J. *Crack Capitalism*. Londres: Pluto Press, 2010.

_____. *Change the World without Taking Power*. Londres: Pluto Press, 2002.

HUANG, P. *The Peasant Family and Rural Development in the Yangzi Delta, 1350-1988*. Stanford: Stanford University Press, 1990.

INTERNATIONAL ASSESSMENT OF AGRICULTURAL KNOWLEDGE, SCIENCE AND TECHNOLOGY FOR DEVELOPMENT (IAASTD). *Agriculture at a Crossroads*: Global Report. Washington, DC: Island Press, 2009.

INTERNATIONAL FUND FOR AGRICULTURAL DEVELOPMENT (IFAD). *Rural Poverty Report 2011*: New Realities, New Challenges, New Opportunities for Tomorrow's Generation. Roma: IFAD, 2010.

JACKSON, T. *Prosperity without Growth? The Transition to a Sustainable Economy*. Londres: Sustainable Development Commission, 2009.

JANVRY, A. de. La logica delle aziende contacline e le strategie di sostegno allo sviluppo rurale. *La Questione Agraria*, 4, 2000.

JINGZHONG, Y. *Processes of Enlightenment*: Farmer Initiatives in Rural Development in China. Wageningen: Wageningen University, 2002.

_____.; JING, R.; HUIFANG, W. Crossing the River by Feeling the Stones: Rural Development in China. *Rivista di Economia Agraria*, 65, 2, 2010.

_____.; YIHUAN, W.; LONG, N. Farmer Initiatives and Livelihood Diversification: From the Collective to a Market Economy in Rural China. *Journal of Agrarian Change*, 9, 2, 2009.

JOHNSON, H. Subsistence and Control: The Persistence of the Peasantry in the Developing World. *Undercurrent*, 4, 1, 2004.

KAMP, A.; EVERS, A.; HUTSCHEMAEKERS, B. *Three Years High-Tech Farm, Praktijkrapport Rundvee n.26*. Wageningen: Animal Science Group, Wageningen University, 2003.

KAUTSKY, K. *La cuestión agraria*. Buenos Aires: Siglo Veintiuno, Argentina Editores, 1974 [1899].

KAY, C. Development Strategies and Rural Development: Exploring Synergies, Eradicating Poverty. *Journal of Peasant Studies*, 36, 1, 2009.

KERBLAY, B. *Du Mir aux Agrovilles*. Paris: Institut du Monde Sovietique et de l'Europe centrale et orientale, 1985.

_____. A.V. Chayanov: Life, Career, Works. In: CHAYANOV, A. *The Theory of Peasant Economy*. (D. Thorner et al., Eds.). Manchester: Manchester University Press, 1966 [1925].

KESSEL, J. Productieritueel en technisch betoog bij de Andesvolkeren. *Derde Wereld*, 1, 2, 1990.

KINSELLA, J. P.; BOGUE, J.; MANNION, W. Cost Reduction for Small-Scale Dairy Farms in County Clare. In: PLOEG, J. D.; LONG, A.; BANKS, J. (Eds.). *Living Countrysides*. Doetinchem: Elsevier, 2002.

LACROIX, A. *Transformations du proces de travail agricole, incidences de l'industrialisation sur les conditions de travail paysannes*. Grenoble: INRA, 1981.

LALLAU, B. De la modernité des paysans. *La Découverte/Revue Française de Socio-Economie*, 1, 9, 2012.

LANGTHALER, E. Balancing Between Autonomy and Dependence: Family Farming and Agrarian Change in Lower Austria, 1945-1980. In: BISCHOF, G.; PLASSER, F. (Eds.). *Austrian Lives.* New Orleans: Contemporary Austrian Studies XXI, 2012.

LAWNER, L. Letters from Prison by Antonio Gramsci. Londres: Jonathan Cape. 1975.

LENIN, V. The Agrarian Question and the "Critics of Marx". In: *Collected Works*, v.5. Moscow: Foreign Languages Publishing House, 1961 [1906].

LIPPIT, V. D. *The Economic Development of China.* Arlanont: Sharpe. 1987.

LIPTON, M. *Why Poor People Stay Poor*: Urban Bias in World Development. Londres: Temple Smith, 1977.

LITTLE, D. *Understanding Peasant China*: Case Studies in the Philosophy of Science. New Haven: Yale University Press, 1989.

LONG, N. *Family and Work in Rural Societies*: Perspectives on NonWage Labour. Londres: Tavistock, 1984.

_____.; LONG, A. *Battlefields of Knowledge*: The Interlocking of Theory and Practice in Social Research and Development. Londres: Routledge, 1992.

LUXEMBURGO, R. *The Accumulation of Capital.* Londres: Routledge, 1951 [1913]. [Ed. bras.: *A acumulação do capital.* São Paulo: Nova Cultural, 1985.]

MAAT, H.; GLOVER, D. Alternative Configurations of Agronomic Experimentation. In: SUMBERG, J.; THOMPSON, J. (Eds.). *Contested Agronomy.* Londres: Routledge, 2012.

MANN, S.; DICKINSON, J. Obstacles to the Development of a Capitalist Agriculture. *Journal of Peasant Studies*, 5, 4, 1978.

MARIÁTEGUI, J. C. *7 Ensayos de interpretación de la realidad Peruana.* Lima: Arnauta, 1928.

MARTINEZ-ALIER, J. The Ecological Interpretation of Socio-Economic History: Andean Examples. *Capitalism Nature Socialism*, 2, 2, 1991.

MARX, K. The Eighteenth Brumaire of Louis Bonaparte. New York: International Publishers, 1963 [1852]. [Ed. bras.: *O 18 de brumário de Luís Bonaparte.* São Paulo: Boitempo, 2011.]

_____. *Theories of Surplus Value.* Londres: Lawrence e Wishart, 1951 [1863].

_____.; ENGELS, F. *Collected Works*, v.24. Nova York: International Publishers, 1975.

MAZOYER, M.; ROUDART, L. *A History of World Agriculture.* Londres: Routledge, 2006. [Ed. bras.: *História das agriculturas no mundo*: do neolítico à crise contemporânea. São Paulo: Editora Unesp, 2010.]

MINISTÉRIO DO DESENVOLVIMENTO AGRÁRIO (MDA). *Agricultura familiar no Brasil e O Censo Agropecuário 2006*. Brasil: MDA, 2009.

MENDRAS, H. *La Fin des Paysans, suivi d'une reflexion sur la fin des paysans*: Vingt Ans Aprés. Paris: Actes Sud, 1987.

_____. *The Vanishing Peasant*: Innovation and Change in French Agriculture. Cambridge: Cambridge University Press, 1970.

MILONE, P. *Agricoltura in transizione*: la forza dei piccoli passi; un analisi neo--istituzionale delle innovazioni contadine. PhD diss., Wageningen University, 2004.

MITCHELL, T. *Rule of Experts*: Egypt, Techno-Politics, Modernity. Berkeley: University of California Press, 2002.

MOORE, B. *Social Origins of Dictatorship and Democracy*: Lord and Peasant in the Making of the Modern World. Londres: Penguin University Books, 1966.

MOTTURA, G. Prefazione A.V. Čajanov: proposte per una possibile linea di lettura di alcuni lavori. In: *Čajanov, Aleksandr Vasil'evč, L'economia di lavoro) scritti scelti*. Milão: Franco Angeli/INSO, 1988.

NEGRI, A. *Reflections on Empire*. Cambridge: Polity Press, 2008.

NETTING, R. *Smallholders, Householders*: Farming Families and the Ecology of Intensive, Sustainable Agriculture. Stanford: Stanford University Press, 1993.

NORDER, L. *Políticas de Assentamento e Localidade: os desafios da reconstituição do trabalho rural no Brasil*. Wageningen: Wageningen University, 2004.

OOSTINDIE, H. *Multifunctional Agricultural Pathways*: Bundles of Resistance, Redesign and Resilience. Wageningen: Wageningen University, 2013.

_____. et al. *Dynamiek En Robuutstheid Van Multifunctionele Landbouw, Rapportage Onderzoeksfase 2*: Emprisich Onderzoek Onder 120 Multifunctionele Landbouwbedrijven. Wageningen: LSG Rurale Sociologie, Wageningen University, 2011.

OSTI, G. *Gli innovatori della periferia, la figura sociale dell'innovatore nell'agricoltura di montagna*. Turim: Reverdito Edizioni, 1991.

OSTROM, E. *Governing the Commons*: The Evolution of Institutions for Collective Action. Cambridge: Cambridge University Press, 1990.

PAREDES, M. *Peasants, Potatoes and Pesticides*: Heterogeneity in the Context of Agricultural Modernization in the Highland Andes of Ecuador. Wageningen: Wageningen University, 2010.

PAZ, R. El campesinado en el agro argentino: Repensando el debate teórico o un intento de reconceptualización? *Revista Europea de Estudios Latinoamericanos y del Caribe*, 81, 2006.

PEREZ, J. *A construção social de mecanismos alternativos de mercados no âmbito da Rede Ecovida de Agroecologia*. Paraná: MADE-UFPR, 2012.

PÉREZ-VITORIA, S. *Les paysans sont de retour, essai*. Arles: Actes Sud, 2005.

PLOEG, J. D. *The New Peasantries*: Struggles for Autonomy and Sustainability in an Era of Empire and Globalization. Londres: Routledge, 2008.

_____. *The Virtual Farmer*: Past, Present and Future of the Dutch Peasantry. Assen: Royal Van Gorcum, 2003.

_____. Revitalizing Agriculture: Farming Economically as Starting Ground for Rural Development. *Sociologia Ruralis*, 40, 4, 2000.

_____. *Labour, Markets, and Agricultural Production*. Boulder: Westview Press, 1990.

_____. et al. On Regimes, Novelties, Niches and Co-production. In: WISKERKE, J. S. C.; PLOEG, J. D. (Eds.). *Seeds of Transition*: Essays on Novelty Production, Niches and Regimes in Agriculture. Assen: Royal van Gorcum, 2004.

_____.; LONG, A.; BANKS, J. *Living Countrysides*: Rural Development Processes in Europe – The State of Art. Doetinchem: Elsevier, 2002.

_____.; JINGZHONG. Y. Multiple Job Holding in Rural Villages and the Chinese Road to Development. *Journal of Peasant Studies*, 37, 3, 2010.

_____.; JINGZHONG, Y.; SCHNEIDER, S. Rural Development Through the Construction of New, Nested Markets: Comparative Perspectives from China, Brazil and the European Union. *Journal of Peasant Studies*, 39, 1, 2012.

POLANYI, K. *The Great Transformation*: The Political and Economic Origins of Our Time. Boston: Beacon Press, 1957.

RICHARDS, P. *Indigenous Agricultural Revolution*: Ecology and Food Production in West Africa. Londres: Unwin Hyman, 1985.

RIP, A.; KEMP, R. Technological Change. In: RAYNER, S.; MALONE E. (Eds.). *Human Choice and Climate Change*, v.2. Columbus: Battelle Press, 1998.

ROEP, D. *Vernieuwend Werken, Sporen Van Vermogen En Onvermogen (Een Socio-Materiele Studie Over Verniewuing In De Landbouw Uitgewerkt Voor de Westelijke Veenweidegebieden)*. Wageningen: Circle for Rural European Studies, Wageningen University, 2000.

ROOJI, S. Work of the Second Order. In: PLAS, L.; FONTE, M. (Eds.). *Rural Gender Studies in Europe*. Assen: Royal Van Gorcum, 1994.

ROSSET, P. et al. The Campesino-to-Campesino Agroecology Movement of ANAP in Cuba: Social Process Methodology in the Construction of

Sustainable Peasant Agriculture and Food Sovereignty. *Journal of Peasant Studies*, 38, 1, 2011.

_____.; MARTINEZ-TORRES, M. Rural Social Movements and Agroecology: Context, Theory, and Process. *Ecology and Society*, 17, 3, 2012.

RUNSHENG, D. *The Course of China's Rural Reform*. Washington: International Food Policy Research Institute, 2006.

SABOURIN, E. Práticas sociais, políticas públicas e valores humanos. In: SCHNEIDER, S. (Ed.). *A diversidade da agricultura familiar*. Porto Alegre: Editora da UFRGS, 2006.

SACCOMANDI, V. *Agricultural Market Economics*: A Neo-Institutional Analysis of Exchange, Circulation and Distribution of Agricultural Products. Assen: Royal van Gorcum, 1998.

SALAS, M.; TILMANN, H. Andean Agriculture – A Development Path for Peru? *ILEA Newsletter*, mar. 1990.

SALTER, W. *Productivity and Technical Change*. Cambridge: Cambridge University Press, 1966.

SAVARESE, E. *Young People's Perception of Rural Areas*: A European Survey Carried Out in Eight Member States. Roma: Rete Rurale, Ministero delle Politiche Agricole, Alimentari e Forestali, 2012.

SCHNEIDER, S.; NIEDERLE, P. Resistance Strategies and Diversification of Rural Livelihoods: The Construction of Autonomy among Brazilian Family Farmers. *Journal of Peasant Studies*, 37, 2, 2010.

_____.; SHIKI, S.; BELIK, W. Rural Development in Brazil: Overcoming Inequalities and Building New Markets. *Rivista di Economia Agraria*, LXV, 2, 2010.

SCHUTTER, O. How Not to Think of Land-Grabbing: Three Critiques of Large-Scale Investments in Farmland. *Journal of Peasant Studies*, 38, 2, 2011.

SCOTT, J. *The Art of Not Being Governed*: An Anarchist History of Upland Southeast Asia. New Haven: Yale University Press, 2009.

_____. *Seeing Like a State*: How Certain Schemes to Improve the Human Condition Have Failed. New Haven: Yale University Press, 1998.

_____. *The Moral Economy of the Peasant*. New Haven: Yale University Press, 1976.

SENDER, J.; JOHNSTON, D. Searching for a Weapon of Mass Production in Rural Africa: Unconvincing Arguments for Land Reform. *Journal of Agrarian Change*, 4, 1/2, 2004.

SENNET, R. *The Craftsman*. New Haven: Yale University Press, 2008.

SEVILLA GUZMAN, E. Redescubriendo a Chayanov: hacia un neopopulismo ecológico. *Agricultura y Sociedad*, 55, 1990.

_____.; GONZÁLEZ DE MOLINA, M. *Sobre a evolução do conceito de campesinato*. Brasília: Via Campesina do Brasil; São Paulo: Expressão Popular, 2005.

SHANIN, T. Chayanov's Treble Death and Tenuous Resurrection: An Essay about Understanding, about Roots of Plausibility and about Rural Russia. *Journal of Peasant Studies*, 36, 1, 2009.

_____. Chayanov's Message: Illuminations, Miscomprehensions, and the Contemporary "Development Theory". In: CHAYANOV. A. *The Theory of Peasant Economy*. Madison: University of Wisconsin Press, 1986.

SLICHER VAN BATH, B. Over boerenvrijheid (inaugurele rede Groningen, 1948). In: SLICHER VAN BATH, B.; OSS, A. (eds.), *Geschiedenis van Maatschappij en Cultuur*. Baarn: Basisboeken Ambo, 1978.

_____. *De agrarische geschiedenis van West-Europa, 500-1850*. Utrecht/Antwerpen: Het Spectrum, 1960.

SONNEVELD, M. Impressions of Interactions: Land as a Dynamic Result of Co-Production between Man and Nature. PhD diss., Wageningen University, 2004.

SPEROTTO, F. Aproximación a la vida y a la obra de Chayanov. *Agricultura y Sociedad*, 48, 1988.

SPOOR, M. Agrarian Reform and Transition: What Can We Learn From "The East?" *Journal of Peasant Studies*, 39, 1, 2012.

STEENHUIJSEN PITERS, B. de. *Diversity of Fields and Farmers*: Explaning Yield Variations in Northern Cameroon. Wageningen: Agricultural University, 1995.

STOOP, W. The Scientific Case for System of Rice Intensification and its Relevance for Sustainable Crop Intensification. *International Journal of Agricultural Sustainability*, 9, 3, 2011.

SUMBERG, J.; OKALI, C. *Farmers' Experiments*: Creating Local Knowledge. Boulder: Lynne Rienner Publishers, 1997.

_____.; THOMPSON, J. (Ed.). *Contested Agronomy*: Agricultural Research in a Changing World. Londres: Routledge, 2012.

_____.; THOMPSON, J.; WOODHOUSE, P. Why Agronomy in the Developing World Has Become Contentious. *Agriculture and Human Values*, 30, 1, 2013.

THIESENHUISEN, W. *Broken Promises*: Agrarian Reform and the Latin American Campesino. Boulder: Westview Press, 1995.

THORNER, D. Chayanov's Concept of Peasant Economy. In: CHAYANOV, A. *The Theory of Peasant Economy*. (D. Thorner et al., eds.) Manchester: Manchester University Press, 1966 [1925].

TIMMER, C. P. On Measuring Technical Efficiency. *Food Research Institute Studies in Agricultural Economics, Trade and Development*, 9, 2, 1970.

TIMMER, W. J. *Totale Landbouwwetenschap, een cultuurphiloophische beschouwing over landbouw en landbouwwetenschap als mogelijke basis voor vernieuwing van het landbouwkundig hoger onderwijs*. Groningen: Wolters, 1949.

TOLEDO, V. La agroecología en Latinoamérica: tres revoluciones, una misma transformación. *Agroecología*, 6, 2011.

———. The Ecological Rationality of Peasant Production. In: ALTIERI, M. *Agroecology and Small Farm Development*. Ann Arbor: CRC Press, 1990.

TUNG, F. *Peasant Life in China: A Field Study of Country Life in the Yangtze Valley*. Londres: George Routledge and Sons, 1939.

VANLOQUEREN, G.; BARET, P. How Agricultural Research Systems Shape a Technological Regime that Develops Genetic Engineering but Locks Out Agroecological Innovations. *Research Policy*, 38, 2009.

VELTMEYER, H. New Social Movements in Latin America: The Dynamics of Class and Identity. *Journal of Peasant Studies*, 25, 1, 1997.

VENTURA, F. *Organizzarsi per Sopravvivere*: Un'analisi neo-istituzionale dello sviluppo endogeno nell'agricoltura Umbra. PhD diss., Wageningen University, 2001.

———. Styles of Beef Cattle Breeding and Resource Use Efficiency in Umbria. In: PLOEG, J. D.; DIJK, G. (Eds.). *Beyond Modernization*: The Impact of Endogenous Rural Development. Assen: Royal Van Gorcum, 1995.

VERA DELGADO, J. *The Ethno-Politics of Water Security:* Contestations of Ethnicity and Gender in Strategies to Control Water in the Andes of Peru. Wageningen: Wageningen University, 2011.

VIJVERBERG, A. *Glastuinbouw in ontwikkeling, beschouwingen over de sector en de beinvloeding ervan door de wetenschap*. Delft: Eburon, 1996.

VISSER, J. *Down to Earth*: A Historical-Sociological Analysis of the Rise and Fall of "Industrial" Agriculture and the Prospects for the Re-rooting of Agriculture from the Factory to the Local Farmer and Ecology. PhD diss., Wageningen University, 2010.

VITALI, S.; GLATTFELDER, J. B.; BATTISTON, S. *The Network of Global Corporate Control*. 2011. Disponível em: <arxiv.org/abs/1107.5728v1>.

VLASTOS, S. *Peasant Protests and Uprisings in Tokugawa, Japan*. Berkeley: University of California Press, 1986.

VRIES, E. *De Aarde Betaalt*: de rijkdommen der aarde en hun betekenis voor de wereldhuishouding en politiek. Den Haag: Uitgeverij Albani, 1948.

_____. *De landbouw en de welvaart in het regentschap Pasoeroean, bijdrage tot de kennis van de sociale economie van Java*. Wageningen: Landbouwhogeschool, 1931.

WANDERLEY, M. Em busca da modernidade social: uma homenagem a Alexander V. Chayanov. In: WANDERLEY, M. *O mundo rural como um espaço de vida*: reflexões sobre a propriedade da terra, agricultura familiar e ruralidade. Porto Alegre: PGDR/ Editora da UFRGS, 2009.

WARMAN, A. *Y venimos a contradecir, los campesinos de Morelos y el Estado Nacional*. Mexico City: Ediciones de la Casa Chata, 1976.

WARTENA, D. *Styles of Making a Living and Ecological Change on the Fon and Adja Plateaux in South Benin, CA. 1600-1900*. PhD diss., Wageningen University, 2006.

WEIS, T. The Accelerating Biophysical Contradictions of Industrial Capitalist Agriculture. *Journal of Agrarian Change*, 10, 3, 2010.

_____. *The Global Food Economy*: The Battle for the Future of Farming. Londres: Zed Books, 2007.

WHITE, B. *Who Will Own the Countryside?* Dispossession, Rural Youth and the Future of Farming. The Hague: International Institute of Social Studies, 2011.

WISKERKE, J.; PLOEG, J. D. *Seeds of Transition*: Essays on Novelty Production, Niches and Regimes in Agriculture. Assen: Royal Van Gorcum, 2004.

WIT, C. Resource Use Efficiency in Agriculture. *Agricultural Systems*, 40, 1992.

WOLF, E. R. *Peasant Wars of the Twentieth Century*. New York: Harper and Row, 1969.

WOODHOUSE, P. Beyond Industrial Agriculture? Some Questions about Farm Size, Productivity and Sustainability. *Journal of Agrarian Change*, 10, 3, 2010.

XIANG, W. The Tortuous Processes of Rural Reform. *The Century*, 3, 1998.

XIAOYUN, L. et al. *Agricultural Development in China and Africa*: A Comparative Analysis. London: Routledge, 2012.

XU, Y. Agricultural Productivity in China. *China Economic Review*, 10, 1999.

YANG, M. *A Chinese Village*: Taitou, Shantung Province. New York: Columbia University Press, 1945.

YOTOPOULOS, P. Rationality, Efficiency and Organizational Behaviour through the Production Function: Darkly. *Food Research Institute Studies*, 13, 3, 1974.

ZANDEN, J. L. *De Economische Ontwikkeling van de Nederlandse Landbouw in de Negentiende Eeuw*, 1800-1914. Wageningen: AAG Bijdragen, Landbouwuniversiteit, 1985.

ZHAO, Y.; PLOEG, J. D. Telling Data: An Analysis of the Note Book of a Chinese Farmer. *Journal of China Agricultural University*, 26, 3, 2009.

ÍNDICE REMISSIVO

Administração de silos, 34

Agricultores mexicanos, 5, 92

Agricultores noruegueses, 100

Agricultura

Controle corporativo da, 82, 93, 100-102, 143, 157

Empresarial, 65-69, 72, 79-81, 92-93, 155

Evolução da, 68, 80, 83-91

Exigências globais da, 8

Intensiva de larga escala, 79

Orgânica, 66, 123-124, 157

Orientada para o mercado, 68-69, 72

Papel na cura do meio ambiente, 18, 147

Papel no desenvolvimento, 7, 8, 18, 145-149

Política e subsídio, 78-79

Relação de produtores e forças externas, 69-70, 81-82, 93, 95-106, 144

Sustentabilidade da, 7, 34, 66-71, 147

Ver também Unidade de produção camponesa; Rendimentos

Agricultura camponesa holandesa. *Ver* Holanda, agricultura camponesa.

Agricultura capitalista

Ascensão da, 4, 92-93

Comparada com a agricultura camponesa, 30-40, 45-46, 87-88, 71, 145-149

Desperdício da, 65-69, 145-146

Estilo da, 65-69, 72, 79-81, 92-93, 155

Fraqueza da, 21, 39, 92, 111, 145-147

Investimentos da, 8, 69, 145-146

Lógica da, 30, 37, 39, 87-88, 111

Métodos de produção da, 126, 135-145

Recessões da, 92

Resistência à, 19-20, 77, 103-104, 154

Visão camponesa da, 8, 16, 19-23, 30-33

Visão marxista da, 45-46, 90, 73

Agroecologia, 117, 123, 143, 154

Agroindústrias, 68, 92, 101-102, 136, 157

Agronomia Social

Como a arte da agricultura, 9-15, 60, 85-86, 117, 142-143

Como coprodução, 67, 80, 117

Em relação a outras teorias, 117, 135, 143

Livro de A. Chayanov, 10, 24, 42, 60, 80, 135

Na unidade de produção camponesa, 24, 43-44, 80, 117

Análise agrícola em nível micro, 23, 29-34, 42-43, 61, 106

Ver também Guiné Bissau, administração da produção de arroz

Arte da Agricultura

Livro de L. Columella, 10

Prática da, 9-15, 60-61, 85-86, 117, 142-143

"Autoexploração" do campesinato, 55-57

"Avaliação subjetiva" na agricultura camponesa, 12, 42, 52-55

Balanceamento na agricultura

Na administração da propriedade, 10, 11-15, 43-48, 54-55, 73

Na política agrícola, 105

Resiliência do, 77

Ver também Equilíbrios na agricultura camponesa

Base de recursos

Como capital familiar, 32-33, 35-36, 77, 82, 89-90

Como unidade de forças sociais e naturais, 88

Desenvolvimento pelos camponeses, 48, 67-8, 87-88, 120-122

Disponível aos camponeses, 87, 98

Esgotamento ou expropriação da, 69, 86

Benvenuti, Bruno, 68, 101

Bernstein, Henry, 4, 18, 23, 86, 142

Bizzozzero, Antonio, 135

Bolívia, agricultores da, 145

Boserup, Ester, 106

Bové, José, 157

Brasil

Coletivos do mercado, 84, 158

Ligas Camponesas, 6, 110

Movimento dos Trabalhadores Sem Terra, 154

Movimentos de trabalho camponeses, 6, 95, 110, 154

Recampesinação 17, 18, 154

Reforma agrária no, 17-19

Status legal do campesinato, 110

Cadeias varejistas, 101, 155

Campesinistas, 6

Camponeses

Coalisões dos, 4, 28

Condições de trabalho dos, 19-22, 30-33, 39-44, 47-52

Diversidade dos, 18, 89-93, 73

Necessidades modernas dos, 43, 81

Opressão dos, 9, 37, 76, 86

Pobreza dos, 8, 16, 83-84

Poder econômico dos, 3-10, 44, 152-159

Recursos dos, 69-74, 81-82, 71, 95-106, 143

Relação com o Estado, 43-44, 103-106

Status de classe dos, 4, 18, 24-28, 46, 75-76

Capitalismo

Alternativas camponesas ao, 18-22, 30-33, 34-37, 71, 147-148

Aplicado na agricultura, 39-40, 65-69, 87, 100-102, 124-126

Comparação com a economia camponesa, 36-43, 54-57, 68, 71, 125-126

Crise do, 16

Impacto nas famílias camponesas, 20, 37, 73, 131-132, 145, 148

Chayanov, Alexander

Análise em nível micro das propriedades camponesas, 22, 29, 53-54

Escritos de,

Economy of Labour, 64-65

Essay About the Functioning of the Peasant Farm, 110

Viagem de meu Irmão Alexis ao País da Utopia Camponesa, 96

Teoria da Economia Camponesa, 91, 110

"Gênio" de, 23-27

Influência sobre outros pensadores, 27-28

Sobre a "autoexploração" camponesa, 42, 52-55

Sobre a agronomia social, 13-15, 24, 67, 80

Sobre a coprodução camponesa, 78, 101-103

Sobre a identidade social dos camponeses, 4-6, 9, 22-23, 91

Sobre a mercantilização, 73, 101

Sobre a pesquisa empírica acerca das questões camponesas, 10, 16-17, 21-24

Sobre a unidade de produção camponesa, 9-15, 20-22, 25, 30-33

Sobre as necessidades dos camponeses, 43-53, 76, 105, 132-133

Sobre o capitalismo em relação aos camponeses, 20-22, 30-33, 39-40, 54, 60

Sobre o futuro dos camponeses na Rússia, 22, 95-96

Sobre o potencial dos agricultores camponeses, 9, 10, 22-25, 47, 51, 145-146

Sobre o trabalho e o rendimento do camponês, 41-42, 47-57, 73-74, 110, 133

Sobre o uso da terra pelo camponês, 39, 41-44

China

Coletivos, 19, 84

Comercialização na, 35, 73, 106, 158

Desequilíbrio população-recursos, 105

Extração de excedente, 75, 151-153

Mercados inovadores, 158

Migração da mão de obra, 99-100

Produção inovadora, 121

Recampesinação, 7, 17, 44, 99-100, 151-154, 159

Reformas após 1949, 4-5

Reformas após 1978, 5-6, 44, 121, 151-154, 158

Relação com a terra, 62

Sistema de Responsabilidade Familiar (HRS), 152-154

Ciências agrárias, 8, 23

Armadilhas das, 8, 29

Engenharia alimentar, 65-68, 79, 122, 141-145

Impacto na agronomia social, 8, 135-136, 143

Papel na agricultura empresarial, 65-68, 123-124, 139, 143-146

Papel na intensificação da agricultura, 134-143

Viés hegemônico das, 135, 137, 139, 143, 148-149

Classe

Diversificação de, 18-19, 89-93, 101

Identidade do campesinato, 4, 18-19, 24-27, 46, 76

Papel nas comunas, 101

Solidariedade entre os camponeses, 104

Coletivos

Investimentos compartilhados, 19

Mercados compartilhados, 18, 84, 103, 158

Produção compartilhada, 34-36

Recursos naturais compartilhados, 18, 19, 84, 103-104, 109-110

Trabalho compartilhado, 38, 101-104

Columella, Luciano, 10

Competitividade

Do agronegócio corporativo, 92-93, 155

Dos agricultores camponeses, 21-23, 87, 145-149, 156-158

Comunas

Administração da comunidade, 27, 64, 101-104

Administração estatal, 4, 151-152

Kolkhozes, 4, 44

Vertical (ao contrário de cooperação horizontal), 25, 44

Comunidades camponesas

Ajuda mútua, 38

Coletivos de, 19, 25, 84

Na Rússia, 23, 24

Papel das, 6, 24

Tensões dentro de, 13

Conhecimento na agricultura

Como "avaliação subjetiva", 53-54, 120

Como tecnologia orientada para habilidades, 114, 116-129

Como tradição local, 14, 30-32, 119-129, 137-138, 142

Da experiência direta, 44-46, 62, 68, 119, 146

Da inovação camponesa, 84-85, 61, 116-119, 122-123, 135-137

Local versus científico, 65, 118, 139-143

Cooperação vertical (comparada à integração horizontal das propriedades), 25

Cooperativas
    Controladas pelo Estado, 4, 44, 104, 151152
    Controladas pelo mercado, 103, 128
    Máquina, 38
    Movimentos das, 24, 98, 101-104
    Produção das, 103-104, 128, 152
    Trabalho, 38, 128
    Vertical, 25
Coprodução
    Com a natureza, 59-60, 62-67, 78, 117, 147, 156
    Evolução da, 61
    Maquinário compartilhado, 38
Crises
    Ambientais, 65
    Da agricultura, 92, 105, 155
    Do capitalismo, 15, 82, 155
Cuba, 5
Curva invertida de fornecimento, 30

Debate Preobrazensky-Bucharin, 7
Descampesinistas, 6
Desmercantilização, 75
Diferenciação
    Entre camponeses, 89-93
    Entre classes, 77
Distribuição da riqueza
    Entre agricultores, 34-35, 87, 105
    Na sociedade, 74-75, 82, 100, 114, 132
Diversificação (ou multifuncionalidade), 146, 157-158
Durrenberger, Paul, 16, 85

Economia moral, 50, 66, 73
Economia neoclássica, 71-91

Economy of Labour, de A. Chayanov, 64
Empobrecimento. *Ver* Involução
Equilíbrios na agricultura camponesa.
    Ajuda mútua e reciprocidade, 38
    Análise de nível micro, 23, 29-33, 53-57
    "Avaliação subjetiva" na, 52-55, 42
    Ciclos da, 88, 91
    Comparação com a produção capitalista, 30-40, 45-46, 87-88, 71, 145-149
    Consumo na, 8, 14, 30, 34-47, 81, 155
    Contribuições da, 9, 10, 18, 86, 145-149
    Coprodução na, 78, 88, 103-104
    Economia familiar e da propriedade, 30-33, 41-54, 106-107, 133
    Forma madura da, 84-90
    Intensidade e escala, 77-81, 103-104, 126-128
    Interações com agentes externos, 9-16, 21, 27, 29, 95-106
    Mecanismos de troca, 35-36, 69-74
    Multiplicidade de atividades, 40-46, 80-81, 83-86, 156-158
    Papel no processamento e marketing, 100-102, 157
    Planejamento organizacional da, 14-16, 18, 43-56, 77
    Poder competitivo da, 21-23, 87, 145-149, 156-158
    Relação com a formação de capital, 19-23, 30-33, 38, 47, 54-57

Relação com a natureza, 14, 95, 59-70, 113

Relação com as forças de mercado, 15-16, 20-21, 30-33, 40-41, 87

Relação com os centros urbanos, 95-100, 147, 154

Relevância política da, 43-45

Rendimentos da. *Ver* Rendimentos

Resiliência da, 23, 81, 84-85, 146-147

Sustentabilidade da, 51-52, 66-71, 87, 146-147

Trabalho na, 9, 35-43, 45-58, 73, 155-158

Valor agregado, 87, 89

Ver também Trabalho; Salários e renda do trabalho

Escala da agricultura

Relação produtividade/tamanho da propriedade, 77-81, 103-104, 112, 115, 126-129

Unidades de produção apropriadas, 39-43, 64, 77-81, 103-104, 126-129

Viés de unidades agrícolas maiores, 39, 79-80, 115

Essay About the Functioning of the Peasant Farm, de A. Chayanov, 110

Estagnação da agricultura camponesa. *Ver* Involução

Estilos de agricultura

Agricultores de vanguarda, 38

Agricultores econômicos, 38, 77-78

Ajuda mútua, 38, 73

Economia de trabalho, 79, 89, 103

Evolução dos, 68, 80, 84-91

Hibridez dos, 80

Larga escala, empresarial, 65-66, 79-81, 92-93, 155

Mão de obra intensiva, 88, 104, 111-118, 126-131, 133-134

Ver também Unidade de produção agrícola

Extração de excedente dos camponeses, 57, 74-75, 86, 104-105

Fatores de crescimento, ou fatores limitadores, 117-118, 122, 140

Fatores limitadores, ou fatores de crescimento, 117-118, 122, 140

Fei Xiao Tung, 91

Fertilizante orgânico, 70, 123-124, 143

Fertilizante químico, 65, 137-140, 143

Fluxos dos processos agrícolas

De maquinário, 38

De produção, 34-36, 71, 88

De recursos, 71, 92, 143

De renovação da propriedade, 85, 122

Formação de capital

Cálculo da, 125-126

Como reprodução, 34, 52, 67, 86

Conflitos de interesse na, 13-14

Fontes alternativas, 19-23, 30-33, 71

Impacto nos preços na produção agrícola, 20, 93, 96

Papel da agricultura na, 6

Praticada pelos camponeses, 38, 46-57, 67-74, 145

Friedmann, Harriet, 92

Guiné Bissau
Administração do cultivo de arroz, 33-38, 69, 132
Reforma agrária em, 5

Habilidade, 51-52, 62, 119
Hardt, Michael e Negri, A., 19, 27
Hayami e Ruttan, V., 78, 116, 133
Hobsbawm, Eric, 73
Holanda, agricultores da, 10, 37, 136, 148, 156-157

Intensidade do uso de recursos
De cultivo, 42, 79, 110, 126-129
De diversificação, 40-44, 154-159
De habilidades, 114, 116-129
De investimento de capital, 47, 79-80, 111, 124-129
De processo de trabalho, 47-52, 64, 77, 88, 104
Em relação à escala, 77-81, 103-104, 112, 115-116, 127-129
Intensificação da agricultura
Em resposta à escassez de terra, 42, 88, 110, 133
Em resposta à pressão preço--custo, 133-134
Estimulada pelo trabalho, 88, 104, 110-118, 126-131, 134
Limites à, 129-130
Na agricultura camponesa, 110-113, 124-131
Por meio da produção inovadora, 122-123, 135-137, 143, 146-147
Por meio das ciências agrárias, 133-144

Por meio de melhorias nos recursos, 111, 113-116, 120-121, 137-138, 149
Por meio do desenvolvimento de terra marginal, 111
Por meios técnicos ou mecânicos, 66-68, 79-80, 113-114, 120-129, 137
Interstícios entre estruturas, 20-22, 84, 102, 157
Involução
Como desativação ou estagnação da agricultura camponesa, 86, 128-132
Devido à competição do agronegócio de larga escala, 131-132
Devido à disparidade entre população/recursos, 106, 132
Devido ao empobrecimento, 132
Itália
Diversidade das vocações agrícolas, 40
Impacto sobre os camponeses, 82, 92, 100-103, 143, 158
Mecanismos camponeses de troca, 35
Métodos de administração camponesa, 51-52, 148
Migração urbana-rural, 99
Papel dos movimentos camponeses na, 4
Poder econômico dos, 82, 86, 97, 100, 143, 148
Produção de leite na, 62-63, 148-149
Questão do sul, 7
Reforma agrária na, 5-6

Relação do camponês com a natureza, 62-63, 147-148

Juventude
Migração para as cidades, 69, 99
Papéis na agricultura camponesa, 13

Kautsky, Karl, 21-22, 55-57
Kolkhozes, 4, 44

Langthaler, Ernst, 77, 80
Lei dos rendimentos decrescentes, 124, 128-131
Lenin, Vladimir
Visões sobre a questão camponesa, 3, 7, 22, 55, 129-131
Visões sobre a reforma agrária, 6, 39
Liebig, Justus von, 137, 139-140, 117
Liga da Reforma Agrária (na Rússia), 6
Little, Daniel, 22, 75, 92, 104
Long, Norman e Long, A., 53, 85
Luxemburgo, Rosa, 46

Mariátegui, José Carlos, 6, 22
Martinez-Alier, J., 28
Marx, Karl, 22-24, 27, 40, 45, 90
Mazoyer, M. e Roudart, L.
Sobre a crise do capitalismo, 16, 105
Sobre a história da agricultura camponesa, 109, 136-137, 139
Mecanização da agricultura, 64-65, 128, 137, 139-141, 137
Mendras, Henri, 19, 118
Mercados
Das indústrias de processamento, 82, 101-102

Dependência de, 68, 71, 72-77, 82, 96-97
Fluxos de maquinário, 38, 70
Globalização dos, 71, 82, 93, 97-98
Impacto dos subsídios e importações baratas, 36, 69
Impacto na natureza e sustentabilidade, 62-63, 68-69, 82
Interação camponesa com os, 14-16, 19, 30-32, 42, 53, 70-71
Jusante, 82, 96, 100
Mecanismos alternativos de troca, 20-22, 31-33, 35-36, 70-71
Mercados aninhados, 38, 158
Montante, 82, 101
Preços do produto agrícola, 20-21, 56-57, 68-69, 81-85, 96
Pressão sobre a agricultura, 81-85, 96-97, 134
Tendências globais de, 97-98
Volatilidade dos, 146
Mercados aninhados, 19, 38, 156-158
Mercantilização, grau de, 56, 68-69, 71, 73-74, 82
Migração
Como equilíbrio cidade-campo, 99-100, 103, 154
Longe das famílias agrícolas, 132
Para as cidades, 69, 99-100
Mottura, Giovani, 16, 98
Movimentos agrários transnacionais (TAMs), 18, 27
Movimentos camponeses
Agricultura como resistência, 83-84, 104
Agroecológicos, 67, 74, 61, 117, 143

Alianças de, 7, 27

Contribuições e lutas de, 14, 18-21, 44, 76, 104

Na China, 31-33, 40-55, 106, 134, 151-154

Na Europa e na Rússia, 7, 22, 44

Ocupação de terra, 104, 154

Repressão de, 110

Multifuncionalidade (ou diversificação), 146, 156-158

Multitude da diversidade camponesa, 19-20

Não mercadorias, 62-63, 88-89, 144

Narodniki, 4, 24

Negri, Antonio, 19, 27, 157

Neoliberalismo, 98

Netting, Robert

Influência de Chayanov, 28

Sobre os declínios da agricultura camponesa, 106, 131

Sobre os métodos de agricultura camponesa, 42, 139, 147, 152

Sobre recampesinação, 44, 84, 92

Ocupações de terra, 17, 104

Organismos Geneticamente Modificados, 66, 144

Organização das Nações Unidas para Alimentação e Agricultura (FAO), 8, 154

Patrimônio

Como "capital familiar", 32-33, 35-36

Em relação aos mercados, 82

No Mediterrâneo, 40

Perez, Julian, 128, 158

Peru, agricultores do

Cooperativas agrícolas, 103-104

Crédito e políticas de investimento, 128

Equilíbrio com a natureza, 62

Métodos de produção camponesa, 126-129, 138, 145

Questões dos povos indígenas, 6

Reforma agrária no, 5

Relação com a água, 113

Política Agrícola Comum (da UE), 80, 105

Política bolchevique em relação aos camponeses, 24-28, 56, 96

Políticas de crédito, 69, 83, 156, 164

Políticas de Estado

Dos bolcheviques, 24-28, 56, 96

Em relação aos camponeses, 103-107, 152

Nos subsídios da agricultura, 105

Portugal, agricultura em, 5, 145

Possibilidades de casamento de camponeses, 132

Pressão sobre a agricultura, 7, 82, 96-97, 134, 156

Produção inovadora, 122-124, 135-137, 143, 147

Propriedade familiar. Ver unidade de produção camponesa

"Questão camponesa" ou questão agrária

Debate Preobrazensky-Bucharin, 7

Na Europa Ocidental, 4, 28

Na Rússia, 3-5, 4

No mundo desenvolvido, 4-7, 10, 132

Pensamento marxista sobre, 27, 39, 46-7, 90-91, 130-133

Postura em relação ao campesinato, 3-8, 16, 22, 46, 55

Referente à autonomia camponesa, 132-134

Referente às escalas de eficiência, 39, 41-44, 103-104

Relevância política de, 3-4, 8, 15-21, 43-44, 145-149

Teoria crítica sobre, 16-20

Ver também Chayanov, Alexander

Quimicalização da agricultura, 65, 123-124, 137-140, 143

Recampesinação, 4, 9, 17, 21, 44, 151-159

Recursos

    Compartilhados ou comuns, 19, 84, 103-104, 109-110

    Internos ou externos, 69-74, 81-82, 95-106, 143

    Reproduzidos ou regenerados, 67-71, 120-122, 137-140

    Troca pelos camponeses, 69-71

Reforma agrária, ou redistribuição, 5-6, 87, 132

Regressão da agricultura camponesa. *Ver* Involução

"Relação inversa" de produtividade em relação ao tamanho da propriedade, 79, 112, 127

Ver também Escala da agricultura

Relações de gênero

    Na produção camponesa, 13, 44, 52-53, 88, 114

Relações de mercadoria

    Dos produtores italianos de leite, 62-63, 147-148

    Entre produtores, processadores e comerciantes, 96-97, 100-102, 104

    Impacto dos baixos preços de mercadorias, 40, 69

    Não mercadorias, 62-63, 88-89, 144

    Nas novas estruturas cooperativas, 98-99, 103

    Para agricultura orientada pelo mercado, 56, 68-70, 72-73

    Para famílias camponesas, 20, 33, 42, 44-46, 87-89

    Referente ao arroz em Guiné Bissau, 33-34

Renda familiar (dos agricultores), 40-44, 47-48, 82

    Ver também Trabalho; Unidade de produção camponesa

Rendimentos

    Afetados pela ciência agrária, 134-143

    Afetados pela intensidade do trabalho, 88, 104, 110-118, 126-129, 133

    Afetados pela mecanização, 126-129, 135, 139

    Afetados pela política de Estado, 103-104, 152-153

    Afetados pelas relações sociais, 109, 115-116, 119, 151-153

    Benefícios dos, 109-112

    Da bioengenharia, 141-142

    Da diversificação, 158

Da produção inovadora, 121-123, 157

Da recampesinação, 151-154, 156, 159

Dos camponeses comparados aos das propriedades capitalistas, 102-105, 147-149, 123-129, 156-157

Equilíbrio e sustentabilidade de, 51-52, 67-71, 87, 147

Fatores limitadores ou de crescimento dos, 117-118, 122, 140

Intensificação dos, 109-113, 124-131

Potencial de retornos infinitamente crescentes, 124, 129-131, 145-149

Ver também Intensificação da agricultura; Intensidade dos recursos aplicados

Revolução agrária, na Grã-Bretanha, 137-138

Revolução Russa

Papel das cooperativas na, 5, 25-27, 110

Papel dos camponeses na, 3-4, 26, 32, 92

Política bolchevique em relação aos camponeses, 24-28, 56, 96

Política do Partido Social Revolucionário, 4

Revolução Verde, 65, 92, 123-124, 141-142

Roep, Dirk, 10, 10

Rússia

Agricultura tradicional na, 3, 22-23, 42, 64, 81

Estatísticas zemstov sobre a terra, 110

Modernas condições de agricultura, 81

Redistribuição de terra, tradicional, 6, 110

Salários, ou renda de trabalho

Lucratividade da, 111, 124-129, 133-134, 153-159

Renda camponesa não assalariada, 31-40, 47, 39, 73-74, 86

Ver também Trabalho

Scott, James

Sobre a autonomia dos camponeses, 19, 105, 143

Sobre a economia moral, 50

Segunda revolução agrícola dos tempos modernos, 137

Sevilla Guzman, Eduardo, 23, 28

Shanin, Teodor, 8, 23, 55

Sincronia

Da eficiência técnica, 120

Das habilidades agrícolas, 64, 120-124

Do ambiente agrícola, 14, 85, 116

Slicher van Bath, B.H., 76-7, 109

SRI (Sistema de Intensificação do Arroz), 123-124, 129, 124

Subsídios para a agricultura, 105

Suprimentos alimentícios

Escassez de, 6-8, 82

Soluções de produção dos camponeses, 18, 86, 145-149, 152-154

Teoria marxista referente aos camponeses, 24, 10, 39, 46-47, 90-91, 130-133

Theory of the Peasant Economy, de A. Chayanov, 91, 110

Timmer, W. J., 64, 117

Tipo Polanyi de "dispositivo antimercado", 15

Toledo, Victor, 63, 154

Trabalho

"Autoexploração", 55-57

Como investimento, 31-32, 78, 88

Condições dos camponeses, 19-22, 31-33, 39-43, 47-52

Em relação ao consumo, 9-14, 30, 35, 40-47, 81, 155

Imigrante "negro", 155

Justiça na remuneração, 43-44, 76

Salários ou rendimentos dos camponeses, 9, 35-43, 47-57, 73, 152-159

Sindicatos de trabalhadores agrícolas, 104

Utilidade versus penosidade, 47-52, 82

Ver também Salários, ou Renda do Trabalho

União Europeia

Políticas agrícolas, 80, 105

Recampesinação na, 154-159

Relações de troca. Ver Relações de mercadoria

Unidade de produção camponesa

Autonomia da, 43-47, 52, 72-80, 88-93, 100-102, 109, 156

Equilíbrio com reprodução, 34, 52, 39, 67-71, 86, 71

Equilíbrios mantidos, 9-14, 30, 41-52, 73, 84-89, 146-147

Via Campesina, 18, 27, 154

Viagem de meu Irmão Alexis ao País da Utopia Camponesa, de A. Chayanov, 96

Viés urbano, 69, 96

Vietnã

Papel do camponês na revolução, 17

Recampesinação, 17

Reforma agrária no, 5

Vries, Egbert de, 7, 28, 64, 117

Zemstov, estatísticas, 24, 110

SOBRE O LIVRO

Formato: 14 x 21 cm
Mancha: 23 x 40 paicas
Tipologia: Horley Old Style 10,5/14
Papel: Offset 75 g/m^2 (miolo)
Cartão Supremo 250 g/m^2 (capa)
1ª edição: 2016

EQUIPE DE REALIZAÇÃO

Capa
Estúdio Bogari

Edição de texto
Luís Brasilino (copidesque)
Mariana Pires (revisão)

Editoração eletrônica
Sergio Gzeschnik

Assistência editorial
Alberto Bononi

Vozes do Campo é uma coleção do Programa de Pós-Graduação em Desenvolvimento Territorial na América Latina e Caribe do Instituto de Políticas Públicas e Relações Internacionais (IPPRI) da Unesp em parceria com a Cátedra Unesco de Educação do Campo e Desenvolvimento Territorial. Publica livros sobre temas correlatos ao Programa e à Cátedra sobre todas as regiões do mundo. Visite: http://catedra.editoraunesp.com.br/.

Conselho editorial
Coordenador: Bernardo Mançano Fernandes (Unesp). *Membros:* Raul Borges Guimarães (Unesp); Eduardo Paulon Girardi (Unesp); Antonio Thomaz Junior (Unesp); Bernadete Aparecida Caprioglio Castro (Unesp); Clifford Andrew Welch (Unifesp); Eduardo Paulon Girardi (Unesp); João Márcio Mendes Pereira (UFRRJ); João Osvaldo Rodrigues Nunes (Unesp); Luiz Fernando Ayerbe (Unesp); Maria Nalva Rodrigues Araújo (Uneb); Mirian Cláudia Lourenção Simonetti (Unesp); Noêmia Ramos Vieira (Unesp); Pedro Ivan Christoffoli (UFFS); Ronaldo Celso Messias Correia (Unesp); Silvia Beatriz Adoue (Unesp); Silvia Aparecida de Souza Fernandes (Unesp); Janaina Francisca de Souza Campos Vinha (UFTM); Paulo Roberto Raposo Alentejano (Uerj); Nashieli Cecilia Rangel Loera (Unicamp); Carlos Alberto Feliciano (UFPE); Rafael Litvin Villas Boas (UnB).

LIVROS PUBLICADOS

1. **Os novos camponeses: leituras a partir do México profundo** – Armando Bartra Vergés – 2011

2. **A Via Campesina: a globalização e o poder do campesinato** – Annette Aurélie Desmarais – 2012

3. **Os usos da terra no Brasil: debates sobre políticas fundiárias** – Bernardo Mançano Fernandes, Clifford Andrew Welch e Elienai Constantino Gonçalves – 2013

Série Estudos Camponeses e Mudança Agrária

A **Série Estudos Camponeses e Mudança Agrária** da Initiatives in Critical Agrarian Studies (Icas), Programa de Pós-Graduação em Desenvolvimento Territorial na América Latina e Caribe – IPPRI-Unesp e Programa de Pós-Graduação em Desenvolvimento Rural – UFRGS, publica em diversas línguas "pequenos livros de ponta sobre grandes questões". Cada livro aborda um problema específico de desenvolvimento, combinando discussão teórica e voltada para políticas com exemplos empíricos de vários ambientes locais, nacionais e internacionais.

Conselho editorial
Saturnino M. Borras Jr. – International Institute of Social Studies (ISS) – Haia, Holanda – College of Humanities and Development Studies (COHD) – China Agricultural University – Pequim, China; Max Spoor – International Institute of Social Studies (ISS) – Haia, Holanda; Henry Veltmeyer – Saint Mary's University – Nova Escócia, Canadá – Autonomous University of Zacatecas – Zacatecas, México.

Conselho editorial internacional: Bernardo Mançano Fernandes – Universidade Estadual Paulista (Unesp) – Brasil; Raúl Delgado Wise – Autonomous University of Zacatecas – México; Ye Jingzhong – College of Humanities and Development Studies (COHD) – China Agricultural University – China; Laksmi Savitri – Sajogyo Institute (SAINS) – Indonésia.

LIVROS PUBLICADOS

1. **Dinâmica de classe e da mudança agrária** – Henry Bernstein – 2011

2. **Regimes alimentares e questões agrárias** – Philip McMichael – 2016

3. **Camponeses e a arte da agricultura: um manifesto Chayanoviano** – Jan Douwe van der Ploeg – 2016

PG DR
PROGRAMA DE PÓS-GRADUAÇÃO EM
DESENVOLVIMENTO RURAL

Série Estudos Rurais

A **Série Estudos Rurais** publica livros sobre temas rurais, ambientais e agroalimentares que contribuam de forma significativa para o resgate e/ou o avanço do conhecimento sobre o desenvolvimento rural nas ciências sociais em âmbito nacional e internacional.

A **Série Estudos Rurais** resulta de uma parceria da Editora da UFRGS com o Programa de Pós-Graduação em Desenvolvimento Rural da Universidade Federal do Rio Grande do Sul. As normas para publicação estão disponíveis em www.ufrgs.br/pgdr/livros.

Comissão editorial executiva
Editor-chefe: Prof. Sergio Schneider (UFRGS). *Editor associado:* Prof. Marcelo Antonio Conterato (UFRGS). *Membro externo:* Prof. Jan Douwe Van der Ploeg (WUR/Holanda). *Conselho editorial:* Lovois Andrade Miguel (UFRGS); Paulo Andre Niederle (UFRGS); Marcelino Souza (UFRGS); Lauro Francisco Mattei (UFSC); Miguel Angelo Perondi (UTFPR); Cláudia J. Schmitt (UFRRJ); Walter Belik (Unicamp); Maria Odete Alves (BNB); Armando Lirio de Souza (UFPA); Moisés Balestro (UnB); Alberto Riella (Uruguai); Clara Craviotti (Argentina); Luciano Martinez (Equador); Hubert Carton Grammont (México); Harriet Friedmann (Canadá); Gianluca Brunori (Itália); Eric Sabourin (França); Terry Marsden (Reino Unido); Cecilia Díaz-Méndez (Espanha); Ye Jinhzong (China).

LIVROS PUBLICADOS

1. **A questão agrária na década de 90 (4.ed.)** – João Pedro Stédile (org.)

2. **Política, protesto e cidadania no campo: as lutas sociais dos colonos e dos trabalhadores rurais no Rio Grande do Sul** – Zander Navarro (org.)

3. **Reconstruindo a agricultura: ideias e ideais na perspectiva do desenvolvimento rural sustentável (3.ed.)** – Jalcione Almeida e Zander Navarro (org.)

4. **A formação dos assentamentos rurais no Brasil: processos sociais e políticas públicas (2.ed.)** – Leonilde Sérvolo Medeiros e Sérgio Leite (org.)

5. **Agricultura familiar e industrialização: pluriatividade e descentralização industrial no Rio Grande do Sul (2.ed.)** – Sergio Schneider

6. **Tecnologia e agricultura familiar (2.ed.)** – José Graziano da Silva

7. **A construção social de uma nova agricultura: tecnologia agrícola e movimentos sociais no sul do Brasil (2.ed.)** – Jalcione Almeida

8. **A face rural do desenvolvimento: natureza, território e agricultura** – José Eli da Veiga

9. **Agroecologia (4.ed.)** – Stephen Gliessman

10. **Questão agrária, industrialização e crise urbana no Brasil (2.ed.)** – Ignácio Rangel (org. José Graziano da Silva)

11. **Políticas públicas e agricultura no Brasil (2.ed.)** – Sérgio Leite (org.)

12. **A invenção ecológica: narrativas e trajetórias da educação ambiental no Brasil (3.ed.)** – Isabel Cristina de Moura Carvalho

13. **O empoderamento da mulher: direitos à terra e direitos de propriedade na América Latina** – Carmen Diana Deere e Magdalena Léon

14. **A pluriatividade na agricultura familiar (2.ed.)** – Sergio Schneider

15. **Travessias: a vivência da reforma agrária nos assentamentos (2.ed.)** – José de Souza Martins (org.)

16. **Estado, macroeconomia e agricultura no Brasil** – Gervásio Castro de Rezende

17. **O futuro das regiões rurais (2.ed.)** – Ricardo Abramovay

18. **Políticas públicas e participação social no Brasil rural (2.ed.)** – Sergio Schneider, Marcelo K. Silva e Paulo E. Moruzzi Marques (org.)

19. **Agricultura latino-americana: novos arranjos, velhas questões** – Anita Brumer e Diego Piñero (org.)

20. O sujeito oculto: ordem e transgressão na reforma agrária – José de Souza Martins

21. A diversidade da agricultura familiar (2.ed.) – Sergio Schneider (org.)

22. Agricultura familiar: interação entre políticas públicas e dinâmicas locais – Jean Philippe Tonneau e Eric Sabourin (org.)

23. Camponeses e impérios alimentares – Jan Douwe Van der Ploeg

24. Desenvolvimento rural (conceitos e aplicação ao caso brasileiro) – Angela A. Kageyama

25. Desenvolvimento social e mediadores políticos – Delma Pessanha Neves (org.)

26. Mercados redes e valores: o novo mundo da agricultura familiar – John Wilkinson

27. Agroecologia: a dinâmica produtiva da agricultura sustentável (5.ed.) – Miguel Altieri

28. O mundo rural como um espaço de vida: reflexões sobre propriedade da terra, agricultura familiar e ruralidade – Maria de Nazareth Baudel Wanderley

29. Os atores do desenvolvimento rural: perspectivas teóricas e práticas sociais – Sergio Schneider e Marcio Gazolla (org.)

30. Turismo rural: iniciativas e inovações – Marcelino de Souza e Ivo Elesbão (org.)

31. Sociedades e organizações camponesas: uma leitura através da reciprocidade – Eric Sabourin

32. Dimensões socioculturais da alimentação: diálogos latino-americanos – Renata Menasche, Marcelo Alvarez e Janine Collaço (org.)

33. Paisagem: leituras, significados e transformações – Roberto Verdum, Lucimar de Fátima dos Santos Vieira, Bruno Fleck Pinto e Luís Alberto Pires da Silva (org.)

34. Do "capital financeiro na agricultura" à economia do agronegócio: mudanças cíclicas em meio século (1965-2012) – Guilherme Costa Delgado

35. Sete estudos sobre a agricultura familiar do vale do Jequitinhonha – Eduardo Magalhães Ribeiro (org.)

36. Indicações geográficas: qualidade e origem nos mercados alimentares – Paulo André Niederle (org.)

37. Sementes e brotos da transição: inovação, poder e desenvolvimento em áreas rurais do Brasil – Sergio Schneider, Marilda Menezes, Aldenor Gomes da Silva e Islandia Bezerra (org.)

38. Pesquisa em desenvolvimento rural: aportes teóricos e proposições metodológicas (v.1) – Marcelo Antonio Conterato, Guilherme Francisco Waterloo Radomsky e Sergio Schneider (org.)

39. Turismo rural em tempos de novas ruralidades – Artur Cristóvão, Xerardo Pereiro, Marcelino de Souza e Ivo Elesbão (org.)

40. Políticas públicas de desenvolvimento rural no Brasil – Catia Grisa e Sergio Schneider (org.)

41. O rural e a saúde: compartilhando teoria e método – Tatiana Engel Gerhardt e Marta Júlia Marques Lopes (org.)

42. Desenvolvimento rural e gênero: abordagens analíticas, estratégia e políticas públicas – Jefferson Andronio Ramundo Staduto, Marcelino de Souza e Carlos Alves do Nascimento (org.)

43. Pesquisa em desenvolvimento rural: técnicas, bases de dados e estatística aplicadas aos estudos rurais (v.2) – Guilherme Francisco Waterloo Radomsky, Marcelo Antonio Conterato e Sergio Schneider (org.)

44. O poder do selo: imaginários ecológicos, formas de certificação e regimes de propriedade intelectual no sistema agroalimentar – Guilherme Francisco Waterloo Radomsky

45. Produção, consumo e abastecimento de alimentos: desafios e novas estratégias – Fabiana Thomé da Cruz, Alessandra Matte e Sergio Schneider (org.)

46. Construção de mercados e agricultura familiar: desafios para o desenvolvimento rural – Flávia Charão Marques, Marcelo Antônio Conterato e Sergio Schneider (org.)

47. Regimes alimentares e questões agrárias – Philip McMichael – 2016

48. Camponeses e a arte da agricultura: um manifesto Chayanoviano – Jan Douwe van der Ploeg – 2016

49. Pecuária familiar no Rio Grande do Sul: história, diversidade social e dinâmicas de desenvolvimento – Paulo Dabdab Waquil, Alessandra Matte, Márcio Zamboni Neske, Marcos Flávio Silva Borba (org.)